Sandro
welcher

W0054592

Schweine

Lutz Schiering

Schweine

Liebenswertes Borstenvieh

© KOMET Verlag GmbH, Köln
www.komet-verlag.de
Text: Lutz Schiering
Gesamtherstellung: KOMET Verlag GmbH, Köln
Printed in China
ISBN 978-3-89836-809-4

Inhalt

Sonderseiten

Vorwort
oder *Ein Tier mit besonderen Qualitäten*

Ein Waldspaziergang im Frühsommer. Plötzlich ein Knacken im Gebüsch, und dann prescht sie schon vorbei, die Wildschweinrotte samt einiger gestreifter Frischlinge – ein gleichermaßen beunruhigender wie faszinierender Anblick angesichts der Größe, Kraft und Schnelligkeit dieser Tiere.

Ein ähnliches Erlebnis im Winter. Plötzlich zwei Bachen, die Rüssel in der Luft, Entfernung etwa drei Meter. Beeindruckend, aber in Anbetracht der kurzen Distanz auch ein wenig beängstigend. Sie haben das Nahen eines Menschen bestimmt schon lange gewittert, wären in der Regel geflohen. Doch vielleicht ist ein Wurf Frischlinge in der Nähe, jetzt im Dezember nicht unwahrscheinlich. Da bleibt nur die Kapitulation, wenn auch ungern, und man tritt den geordneten Rückzug an.

Ein Biergarten am Waldrand in der Nähe von Berlin, dicht mit Bäumen bestanden. Der Abend dämmert schon, da kommt ganz gemütlich eine Bache mit zwei Jungtieren vorbei und entlaubt genüsslich einen Apfelbaum. Die verbliebenen Gäste beobachten das Schauspiel mit einer Mischung aus Nervosität, Neugier und Faszination.

Begegnungen mit Wildschweinen sind häufiger geworden in der letzten Zeit, doch immer bleiben sie etwas Besonderes. Vertraut und doch fremd ist uns dieses Wildtier von solchen Ausmaßen, wie in Mitteleuropa sonst kaum ein vergleichbares mehr existiert. Noch fremdartiger erscheinen uns Exemplare wie beispielsweise Warzenschweine, die uns in freier Wildbahn etwa bei einer Safari in Afrika begegnen.

Mit diesem Buch wollen wir den Schweinen etwas näher auf den Pelz beziehungsweise auf die Borsten rücken, den Exoten wie den Einheimischen – ihren Besonderheiten, ihrem Verhalten und ihren Bedürfnissen. Dabei erschließt sich auch ein neuer Blick auf die Nachfahren der wilden Schweine, die Hausschweine, die wir auf den Höfen und Koppeln immer seltener sehen. Es soll Kinder geben, die Schweine nur als Comicfigur oder in Form einer Spardose kennen. Nehmen wir also ein spannendes Tier unter die Lupe, das schon seit Jahrtausenden sowohl in seiner Wildform als auch domestiziert eine nicht unwesentliche Rolle im Leben des Menschen spielt.

Begleiter durch die Jahrtausende
oder Wie das Schwein zum Menschen kam

Das Schwein ist alt, sehr alt, so viel ist sicher. Sein Vorfahre *Anthracobunodon weigelti* aus dem Eozän (vor etwa 55 bis 40 Millionen Jahren) wies bereits Merkmale auf, die auch die heutigen Schweine noch auszeichnen: Er war Paarhufer und Allesfresser, der nichts verschmähte, was er mit seiner spitzen Nase aus dem Erdreich aufwühlen konnte. Aus Schutz vor Raubtieren und Fressfeinden lebte er in kleinen Gruppen.

Was allerdings nach dem Eozän mit den Schweinen passierte, darüber streitet sich die Forschung. So bleibt beispielsweise die Frage nach dem „Urschwein" bis heute unbeantwortet. Wissenschaftler vermuten, dass sich die Schweine von den südostasiatischen Inseln nach Asien und Europa ausbreiteten. Dafür spricht, dass sie bestens ausgerüstet waren für das Leben in den dortigen Schwemmwäldern: Wildschweine können hervorragend schwimmen, haben weit spreizbare Klauen, mit denen es sich leicht auf sumpfigem Untergrund laufen lässt, und spüren mit der langen Schnauze auch Nährstoffe tief im Boden auf.

Das Wildschwein bevölkert seit Jahrmillionen die Wälder in einem Verbreitungsgebiet, das von Europa über Asien bis Nordafrika, genauer von Westeuropa nach Ostsibirien und von Indonesien im Süden bis nach Skandinavien im Norden reicht. Lange vor der Domestizierung trafen Schwein und Mensch immer wieder aufeinander. Doch es waren immer nur kurze Begegnungen, denn die Schweine wanderten – in den Eiszeiten Richtung Süden, anschließend wieder

Folgende Doppelseite: Ein besonders urtümlicher Vertreter der Schweinefamilie, das Warzenschwein

Das Wollschwein wird als die dem Wildschwein noch am nächsten verwandte Hausschwein-rasse angesehen, da hier nie chinesische Masken-schweine eingekreuzt wurden

Richtung Norden – und die Menschen wanderten ebenfalls. Die Begegnungen verliefen nicht immer friedlich: Schon früh begann die Jagd der aufrechtgehenden Zweibeiner auf die wilden Schweine.

Mit dem Beginn des Neolithikums, der Jungsteinzeit, vor etwa 10 000 Jahren begann die Domestizierung des Schweins. Da sich Schweine – anders als zum Beispiel Hunde – nur schwer in konstante Wander-schaften integrieren lassen, war die Sesshaftigkeit eine Voraussetzung für die Schweinehaltung. Aus entsprechenden Knochenfunden hat man geschlossen, dass Schweine an mehreren Orten unabhängig voneinander domestiziert wurden. Diese Erkenntnis hat ein Team britischer Wissenschaftler um Gregor Larson von der Universität Oxford durch die Auswertung von DNA-Untersuchungen an Schweinen im letzten Jahrzehnt untermauert. Die Forscher gehen gar von mindestens sieben eigenständigen Domestizierungen aus.

Auch bezüglich der ersten Wildschweine in Europa haben sie sehr überzeugende Thesen aufgestellt: Landwirte wanderten wegen klimatischer Veränderungen vor rund 12 000 Jahren mit ihren bereits domestizierten Schweinen aus dem Nahen Osten nach Westeuropa ein. Dies animierte die Menschen hier vor rund 6000 Jahren, die eigenen Wildschweine zu domestizieren. Bereits um 4000 v. Chr.

Wie das Warzenschwein wirkt auch der Hirsch-eber (Babyrousa) wie aus einer anderen Zeit

Im Laufe des 20. Jahrhunderts ist das Wildschwein (im Bild rechts ein Frischling) fast wieder in seinem gesamten ursprünglichen Verbreitungsgebiet sesshaft geworden

China ist das Land, in dem die meisten Schweine weltweit gehalten werden; Rassen wie dieses Chinesische Maskenschwein wurden nachweislich schon vor 400 Jahren gezüchtet

hatten sie die Nachfahren der Einwanderer aus dem Nahen Osten verdrängt und sich selbst bis dorthin ausgebreitet.

Gibt es in der Forschung auch noch Differenzen darüber, wann die wilden Schweine wo genau zu häuslichen wurden, so ist man sich in einem Punkt einig: Alle heutigen Hausschweine auf der ganzen Welt stammen aus der Gattung *sus* und dem Artenkreis *sus scrofa*. Und ebenfalls fest steht: Das Schwein eignete sich hervorragend zur Domestizierung.

In der Antike dann geriet das Schwein in den Strudel kulturhistorischer Differenzen und religiös motivierter Speisevorschriften. Aus dem alten Ägypten ist bekannt, dass das Schwein einen eher niedrigen Stellenwert hatte, was sich auch auf die soziale Position all derer

auswirkte, die mit Schweinen und deren Zucht zu tun hatten. Dennoch wurde es zu bestimmten Anlässen gern verzehrt. Bei Germanen, Kelten, Griechen und Römern war es gleichermaßen als Opfer- wie als Nutztier beliebt und wurde teilweise sogar Gottheiten zugeordnet. In der indischen Mythologie ist der Eber Varaha die dritte Inkarnation von Vishnu. Ganz anders im Judentum und im Islam. Hier wurde das Schwein als unrein abgelehnt und der Verzehr verboten. Auch das Christentum war dem Schwein nicht wirklich wohlgesonnen. Wegen seiner Fressgewohnheiten galt es als Symbol der Unkeuschheit, Maßlosigkeit und Dummheit.

Bis ins Mittelalter war die bereits in der Antike praktizierte Haltung der Schweine auf Weiden im Wald die Regel. Die Tiere mussten sich ihre Nahrung selbst suchen, Hausabfälle wurden zugefüttert. Es waren sozusagen per se „glückliche Schweine". Allerdings endete ihr Leben recht früh: Sie wurden mit ungefähr eineinhalb Jahren geschlachtet. Optisch waren sie ihren wilden Verwandten noch sehr ähnlich: langbeinig, mit lang gestrecktem Kopf und Bürstenkamm. Daneben kam es immer auch wieder zu Kreuzungen mit Wildschweinen. Noch heute gibt es in Gebieten, in denen die Schweine noch in die Wälder getrieben werden, wie beispielsweise in Kroatien oder Korsika, nicht wenige Mischlinge. Im Mittelalter hielt das Schwein Einzug in die aufkommenden Städte, war es doch für die Abfallbeseitigung in den Gassen bestens geeignet. Etwa seit dem 17. Jahrhundert ging der Bestand an Schweinen in Europa allerdings aufgrund von Kriegen und Überweidung zurück.

Die gezielte Zucht von Rassen begann erst Ende des 18. Jahrhunderts. Die zunehmende Industrialisierung steigerte den Fleischbedarf, die Steigerung der landwirtschaftlichen Erträge ermöglichte größere Aufwendungen für das Futter der Tiere. Die Engländer spielten bei der Zucht die Vorreiterrolle, was auch mit ihren intensiven Handelsbeziehungen zusammenhing. Die erste moderne Schweinerasse, das

Auch heute noch gibt es Regionen, in denen Schweine wie diese Cerdos Ibéricos in Weidehaltung aufwachsen

Dank engagierter Schweinefreunde überlebten Rassen wie diese Bunten Bentheimer, die schon kurz vor dem Aussterben standen

Leicester-Schwein, entwickelte sich durch die Kreuzung heimischer Schweine mit asiatischen und neapolitanischen Artgenossen. Es bildete sich eine Rassenvielfalt heraus, die durch die Konzentration auf das Fleischschwein Ende des letzten Jahrhunderts allerdings erheblich gelitten hat. Erst im Zuge der Kritik an der Massentierhaltung in den vergangenen Jahrzehnten wurden einige der alten Rassen wie das Bunte Bentheimer oder das Rotbunte oder Husumer Schwein wiederentdeckt und gerade noch vor dem Aussterben bewahrt.

Das Schwein im Volksmund
oder *Zwischen Glücksbringer und Schimpfwort*

„Dans le cochon tout est bon", sagt der Franzose – und beweist damit insgeheim wohl eher ein kulinarisches Interesse am Schwein. Doch wer einen Franzosen als „cochon" tituliert, wird kaum auf völkerverständigendes Wohlwollen bauen können. Tatsächlich wird in sprichwörtlichen Redensarten und im Volksmund – unabhängig von der Sprache – kaum ein Tier so ambivalent gesehen und behandelt wie das arme Schwein. Während der Esel immer ein dummer oder der Fuchs ein schlauer ist – und man beiden damit wahrscheinlich

Der Inbegriff des saumäßigen Glücks

tunlichst unrecht tut –, changiert das Schwein zwischen Glückssymbol und unflätigem Schimpfwort.

Im buddhistischen *Mahavamsa* (ca. 3. Jahrhundert n. Chr.) etwa wird es als „Mistfresser" bezeichnet, und der Weise Narada gewarnt: „Nichts Böses tue mit dem Mund, damit ein Schweinsmaul du nicht bekommst." Für einen Buddhisten sicherlich eine schlimme Vorstellung, mit einem Schweinerüssel wiedergeboren zu werden! Auch im alten Ägypten, bei Muslimen und Juden war das Schwein von jeher als unreines Tier nicht wohlgelitten und entbehrt daher folgerichtig jeglicher positiven Symbolik.

Dagegen galt es Germanen, Griechen und Römern gleichermaßen als willkommenes Opfertier wie auch als Wohlstandssymbol. So berichtet Tacitus in seiner Schrift *Germania* (ca. 98 n. Chr.) von Germanen, die schweineförmige Amulette als Talismane trugen. Sprichwörtliche Redensarten reflektieren immer auch die Durchdringung von Erfahrungen und Gebräuchen, was wiederum dokumentiert, welche Rolle das Schwein in kulturgeschichtlicher Hinsicht schon im Altertum hatte. Der Römer beispielsweise schlug nicht zwei Fliegen mit einer Klappe, sondern fing zwei Eber in einem Sprung *(In saltu uno duos apros capere)*.

Glückssymbol im Dreierpack: Schornsteinfeger, Kleeblatt und Schwein

Eine typische Neujahrskarte. Das Schwein als Symbol für Geld, Reichtum und Wohlstand findet sich heute noch im Sparschwein wieder

Überhaupt waren Schweinereien im alten Rom recht beliebt, und so wundert es kaum, dass man zu jener Zeit aus Teig gebackene Schweine als Symbol für Fruchtbarkeit, Glück und Wohlstand kannte. Man denke daran, dass hierzulande Schweinsöhrchen als Gebäck immer noch beliebt sind.

Die Glückssymbolik hat sich bis heute gehalten, sei es in Form des Marzipanschweinchens zu Silvester oder als Neujahrskarte, oft verstärkt durch die ebenfalls positiv besetzten Symbole des vierblättrigen Kleeblatts, des Fliegenpilzes oder in Kombination mit einem Schornsteinfeger. Und welches Kind würde ein Sparschwein – am besten prall gefüllt – verachten?

Ähnlich verhält es sich mit der Redensart „Schwein gehabt", für die es gleich zwei Herleitungen gibt. Zum einen basiert die Wendung auf einem Kartenspiel aus dem 16. Jahrhundert, in dem die höchste Karte – das spätere Ass –, auf der mehrere Schweine abgebildet waren, *Sau* genannt wurde. Ein Ziehen dieser Karte kam also dem Thema „Glück gehabt" sehr nahe. Die zweite Herleitung beruft sich auf das Schwein als Trostpreis, das dem Verlierer auf mittelalterlichen Schützenfesten übergeben wurde. Wer also beim sportlichen Vergleich gescheitert, aber trotzdem Besitzer eines feisten Ferkelchens geworden war, der hatte wahrlich Glück gehabt.

„Schwein gehabt" hat der Besitzer dieses Sparschweins gleich im doppelten Wortsinn

Eine ähnliche Rolle spielt das Schwein bemerkenswerterweise in der chinesischen Astrologie, die den Zeitenverlauf zwar wie im Westen verschiedenen Tierkreiszeichen zuordnet, diesen allerdings nicht monatlich, sondern jährlich einteilt, wobei jedes Jahr im Zeichen eines bestimmten Tiers steht. Menschen, die im Jahr des Schweins geboren sind (der nächste Termin wäre das Jahr 2019), gelten als prädestiniert für Reichtum und Wohlstand. Ähnlich der Spielkarte gab es in China eine Münze, im Volksmund „Schwein" genannt, die Kaiser Gaozu (3. Jahrhundert v. Chr.) prägen ließ. Es folgten 200 Jahre Wohlstand und schon war auch in China der Mythos des Glücksschweins geboren.

Ganz anders, nämlich mit eindeutig negativen Konnotationen besetzt, sieht es aus, wenn das Schwein in Verbindung mit menschlichen Eigenschaften gebracht wird. Dabei ist eine Redewendung wie „Das kann ja kein Schwein lesen" noch relativ harmlos, denn sie geht zurück auf die gebildete schleswigsche Familie Swyn im 17. Jahrhundert. War ein Dokument so unentzifferbar, dass nicht einmal ein gebildetes Mitglied der Familie Swyn sie entziffern konnte, galt sie fürwahr als unleserlich, kurzum mit einer rechten Sauklaue geschrieben.

Wie bei vielen anderen Redewendungen auch entspringen zahlreiche Herleitungen schlichtweg dem Unverständnis des Benutzers. Das Wälzen im Schlamm mag auf den ersten Blick etwas unfein erscheinen, beim Schwein jedenfalls dient es der Hygiene. Jemand anderen als „Dreckschwein" zu diskreditieren fällt dann allerdings mitunter auf den Anwender zurück. Und als würde dies nicht genügen, werden die seltsamsten Kombinationen tierischer Kreuzungen als

Keine eigene biologische Gattung oder gezüchtete Rasse: das Dreckschwein. Man mag es mit Georg Christoph Lichtenberg halten, der in seinen Sudelbüchern schrieb: „Es regnete so stark, dass alle Schweine rein und alle Menschen dreckig wurden."

Schweinerennen

Rennen und Galoppieren gehört zum normalen Spielverhalten von Schweinen. Sie erreichen dabei Geschwindigkeiten von bis zu 25 Stundenkilometern. Die schnellsten Sprinter aber sind Wüstenwarzenschweine. Ihre Höchstgeschwindigkeit liegt bei 55 Stundenkilometern

Ob es eine Schweine-Olympiade wie 2005 in Shanghai oder 2006 in Moskau geben muss, mag dahingestellt sein. Doping-Kontrollen wurden jedenfalls nicht durchgeführt, nachdem in den Disziplinen Laufen, Schwimmen und Schweineball – bei dem die Tiere einen wohlriechenden Ball in das Tor des Gegners befördern müssen – die Teilnehmer ihre Gewinner unter sich ausgemacht hatten. Tatsache hingegen ist, dass Schweinerennen eine lange Tradition haben, auch

wenn sie im Gegensatz zu Hunde- oder Pferderennen nur selten der Befriedigung des menschlichen Wettfiebers galten. Heute werden Schweinerennen gern als Beiprogramm bei Landwirtschaftsschauen oder Sport-Events durchgeführt. Aus tierschützerischen Aspekten spricht recht wenig gegen diese Veranstaltungen, zumal die Gewinner nach dem Wettkampf ausschließlich zur Zucht eingesetzt werden, um neue Olympioniken hervorzubringen. Dieses Glück war den ersten Rennschweinen nicht vergönnt. Das früheste bekannte Schweinerennen, durchgeführt im 16. Jahrhundert zur Belustigung Iwans des Schrecklichen, endete damit, dass der Gewinner beim königlichen Essen Ehrengast war – als Braten.

Schweinerennen – ob mit oder ohne Hindernisse – sind von Alaska bis Neuseeland verbreitet. Besonders häufig werden sie im Süden der USA ausgetragen. Auch Russland kann eine lange Tradition im Schweinerennsport vorweisen. Dort existiert sogar ein Verband der Sportschweinezüchter

Schimpfwort gebraucht. Genannt seien hier nur der Saubär, der Schweinehund oder die westfälische Spielart des Schwuineigels. Einem Charakterschwein Perlen vor die Säue werfen machen vor allem diejenigen, die ihren inneren Schweinehund nicht überwinden können. Schimpfwörter sagen nicht nur einiges über den Beschimpften, sondern auch über den Beschimpfer aus, und es mag an dieser Stelle die These gelten, dass sich Beschimpfer und Beschimpfter verwandter sind, als sie es gemeinhin annehmen wollen. Biologisch ist die Ähnlichkeit zwischen Mensch und Schwein bereits hinlänglich bewiesen, was allerdings auch schon Edgar Allan Poe erkannt hatte, als er behauptete, dass Menschen senkrechte Schweine seien. Lassen wir also im Folgenden im Schweinsgalopp die Sau raus, um das Bild vom Dreckschwein ein wenig geradezurücken. Man kann eben nicht den Speck haben und das Schwein behalten wollen.

Wer sich darüber ärgert, dass der Nachbar ihn nicht grüßt, denke doch einfach: Sogar eine Sau grunzt, wenn sie vorbeigeht

Vom Wesen des Schweins

oder *Das unterschätzte Tier*

Sie sind gesellig, suchen den Körperkontakt, kümmern sich intensiv um ihren Nachwuchs, sind wehrhaft, wenn Gefahr im Verzug ist, jedoch keineswegs angriffslustig, und sie teilen ihr Territorium bereitwillig mit anderen. Das klingt nach sympathischen Wesen. Und das sind sie auch, die Schweine, ganz entgegen den geläufigen Vorurteilen.

Darüber hinaus haben Schweine ein erstaunliches Gedächtnis, ein gutes Zeitempfinden und eine hohe Lernfähigkeit sowie ausgeprägte soziale Strukturen, innerhalb derer sie ihr Wissen weitergeben können. All dies trägt zu ihrer hohen Anpassungsfähigkeit an ganz unterschiedliche Lebensbedingungen bei.

Freundschaft ohne Rassengrenzen: Das Deutsche Edelschwein kuschelt auch gern mit dem Rotbunten Husumer Schwein

Schweine haben Geschmack. Die Allesfresser werden bei Auswahl zu Feinschmeckern, sie haben ihre ganz speziellen Vorlieben bis hin zu einer bestimmten Apfelsorte, die sie eindeutig von anderen unterscheiden können.

Stärker noch als der Geschmack ist ihr Geruchssinn ausgebildet, sodass sie Menschen auf eine Entfernung von bis zu dreihundert Metern wittern können. Schweine erschließen sich ihre Umwelt sehr stark durch Gerüche. Sie haben ein derartig detailliertes „Riechbild" von ihrer Umgebung, wie es dem Menschen niemals möglich wäre, was der sich aber bei der Trüffelsuche zunutze macht.

Ob bei der Suche nach Nahrung oder bei mütterlichen Zärtlichkeiten – der Rüssel spielt eine wichtige Rolle

Der empfindliche Rüssel ist aber nicht nur wichtig für die „Riechbilder", sondern auch für die „Tastbilder", die sich das Schwein von seiner Umwelt macht, hat er doch ebenso viele Tastrezeptoren wie die menschliche Hand. Der Rüssel ist immer beteiligt – bei der Suche nach Nahrung, bei der Kontaktpflege und bei der Orientierung.

Ein weiterer gut ausgebildeter Sinn ist das Gehör. Schweine nehmen Feinde akustisch schon von weitem wahr, wenn sie diese wegen Gegenwind noch nicht gerochen haben. Das Sehen hingegen ist nicht so ihre Sache: Was sich nicht bewegt, können sie nur schwer ausmachen, selbst wenn es nah ist. Wenig verwunderlich, sieht man doch im Wald vor lauter Bäumen ohnehin nichts.

Zwar können Schweine bei Gefahr bis zu fünfzig Stundenkilometer erreichen, doch normalerweise bewegen sie sich bedächtig durch den Wald. Stets sind sie auf Erkundung und Orientierung bedacht. Bei Bedarf sind es auch gute Schwimmer. Von den europäischen Ent-

Badevergnügen auf den Bahamas: Auch Minipigs sind gute Schwimmer

deckern auf der Südseeinsel Tonga eingeführte Schweine haben sich sogar das Fischen beigebracht, um ihren Speiseplan zu erweitern – ein eindrückliches Beispiel für die Anpassungsfähigkeit der Tiere. Schweine gelten insgesamt als sehr intelligent; Verhaltensforscher halten sie sogar für intelligenter als beispielsweise Hunde.

Was Schweine so machen

Die meisten Schweinearten wühlen mit ihrem Rüssel nach Nahrung im Boden. Dabei macht man sich den Rüssel schon einmal dreckig. Und Schweine lieben Schlammbäder. Anschließend sehen sie dann, wie man sich denken kann, zunächst etwas derangiert – genauer gesagt schmutzig – aus. All dies hat den Schweinen einen schlechten Ruf beschert, den Ruf des Dreckschweins.

Nun suhlen Schweine aber nicht, weil sie den Dreck lieben, sondern gerade aus dem gegenteiligen Grund: Es dient der Körperpflege. Sie

Bevorzugtes Hobby: Suhlen im Schlamm – ist dieser nicht vorhanden, vergnügt man sich aber gern auch beim Strandbad

Bewegung macht müde: Da kann man schon einmal wohlig gähnen ...

... und hier schläft schon jemand friedlich

befreien sich so von Parasiten und reinigen ihre Haut. Anschließend wird der Schmutz in der Regel an Büschen und Bäumen, den auch sonst zum Schubbern gern benutzten Malbäumen, abgerieben. Noch aus einem anderen Grund sind die Schlammbäder wichtig: Schweine haben keine Schweißdrüsen – der Ausdruck „schwitzen wie ein Schwein" ist also Humbug, Schweine können gar nicht schwitzen. Das Suhlen bringt ihnen die nötige Abkühlung, weshalb sich die Tiere in heißen Gegenden und im Sommer deutlich öfter suhlen als etwa im Winter.

Schweine brauchen viel Schlaf: Die meisten Arten schlafen 13 bis 16 Stunden pro Tag, wobei in der Regel eine längere Schlafzeit und eine „Siesta" dabei sind. Wann sie allerdings schlafen, hängt von äußeren Bedingungen ab: Je nach Klima und Störfaktoren sind sie tag- oder nachtaktiv. Zum Schlafen begeben sich die meisten Arten an festgelegte Ruheplätze in dichter Vegetation, manche bauen mit

Grünzeug ausstaffierte Schlafnester, wie es die Wildschweine in Europa häufig machen, andere schlafen direkt auf dem Boden, wieder andere nutzen die Baue anderer Tiere oder bauen eigene Erdhöhlen. Der ausgiebige Schlaf hat seinen guten Grund, denn in den Wachzeiten sind Schweine sehr aktiv. Sie verwenden viel Kraft und Ausdauer für die Nahrungssuche und -aufnahme. Sie wühlen und bewegen sich viel; selbst wenn sie satt sind, halten sie nach Futterstellen Ausschau, jedoch nicht nur das: Sie suchen nach Plätzen zum Suhlen, nach geschützten Stellen für Ruheplätze, sie orientieren sich in ihrem Lebensbereich und registrieren dabei jegliche Veränderung.

Schweine sind neugierig und wollen ihre Umwelt erkunden

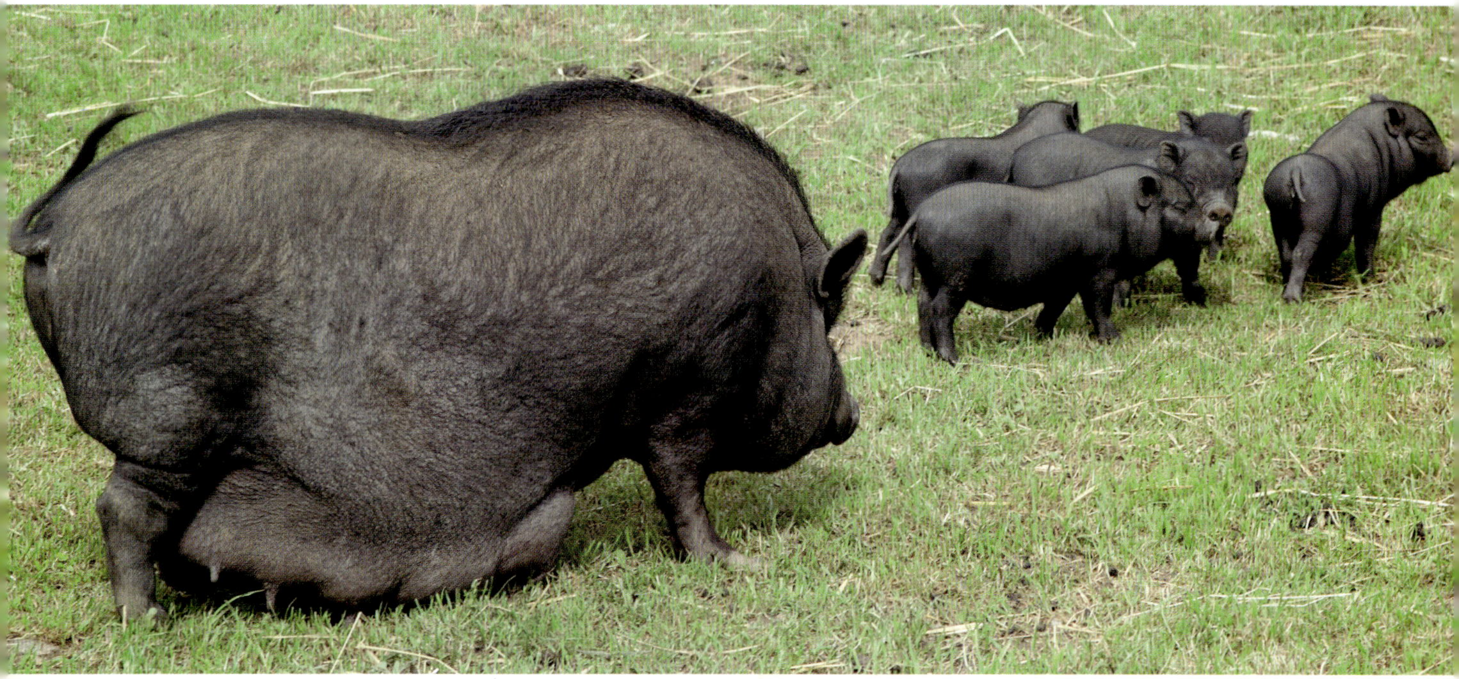

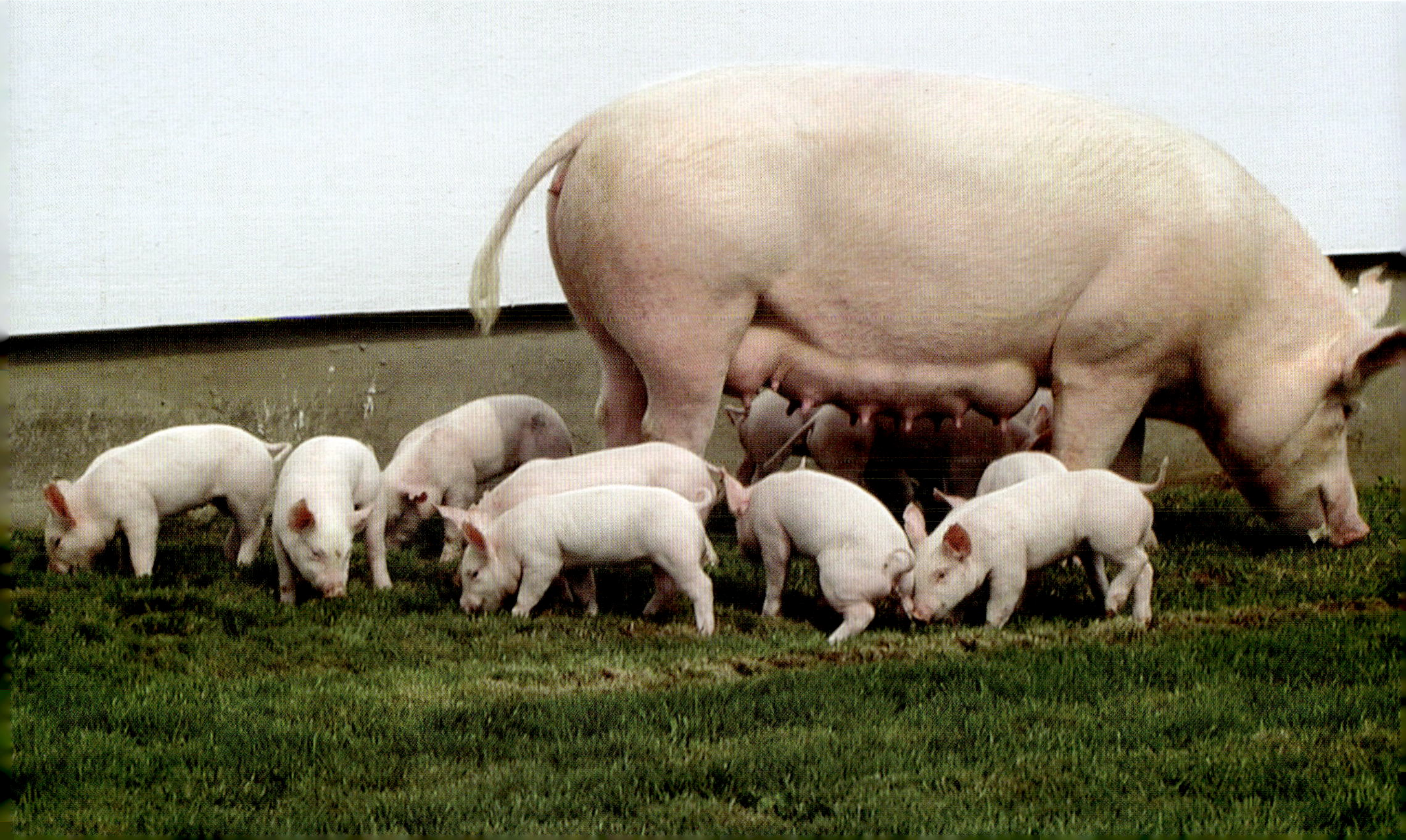

Gute Gesellschaft ist alles

Schweine leben zumeist in größeren oder kleineren Rotten. Das sind Familienverbünde, die in der Regel aus Bachen und ihrem Nachwuchs bestehen. Bei manchen Arten wie beispielsweise den Buschschweinen gehören jedoch auch ausgewachsene Keiler dazu. Wildschweinrotten umfassen meist drei bis fünf miteinander verwandte Bachen, ihre Frischlinge und einige Überläufer, im Vorjahr

Ob Hängebauchschwein, Edelschwein oder wild lebendes Pinselohrschwein: Schweine haben es gern gesellig und pflegen Familienkontakte

geborene Jungtiere. Doch lange können es sich die Jungs nicht bei Mama gut gehen lassen – schon bald werden die Überläufer von der Rotte weggebissen und müssen für sich selbst sorgen. So, nimmt man an, wird Inzucht vorgebeugt. Die Überläufer durchstreifen den Wald in Gruppen. Allerdings sind auch Bachen nicht immer konsequent: Manche Überläufer gesellen sich für die Wintermonate noch einmal zu ihrer Rotte. Erwachsene Keiler führen ein einzelgängerisches Single-Dasein, sie stoßen nur zur Paarungszeit zu einer Rotte.

Innerhalb der Rotten gibt es eine starke soziale Synchronisation: Die meisten Aktivitäten wie Schlafen, Nahrungssuche, Ruhepausen werden gleichzeitig begonnen und beendet. Bestimmend ist hier die Leitbache, das erfahrenste Tier. Sie regelt sogar, welche Bache sich vermehren soll und wann die ebenfalls synchronisierte Rauschzeit beginnt. Dann versetzt sie die anderen Bachen durch Sexuallockstoffe in Paarungsstimmung, womit sie gleichzeitig auch die Keiler anlockt. Bei einer solch wichtigen Funktion ist leicht nachvollziehbar, dass in der Rotte viel durcheinandergerät, wenn die Leitbache stirbt oder erschossen wird. Jäger wissen: Bis sich eine neue Leitbache etabliert hat, gebären die Bachen oft häufiger.

Schweinerotten haben in der Regel ein bestimmtes Revier, dem sie bei ausreichender Nahrung und ohne Störungen zum Beispiel durch Jäger auch über längere Zeit treu bleiben. Selbst die Ruhe-, Fress-, Suhl- und Kotplätze bleiben oft über längere Zeit dieselben, wobei die Kotplätze stets in einiger Entfernung vom Aufenthaltsort liegen. Alles andere wäre den Schweinen zu dreckig. Ihr Revier markieren Wildschweine mit Sekreten aus den Augendrüsen oder Speichel an Malbäumen. Die Keiler hinterlassen hier auch Ritzereien. Verteidigt werden die Reviere nicht, sodass sie sich auch überschneiden können. Schweine mögen den Körperkontakt, weshalb sie oft aneinandergekuschelt schlafen, wobei sich die Frischlinge damit zugleich warmhalten. Überhaupt pflegen Schweine herzliche soziale Kontakte. Zur Begrüßung berühren sie sich mit den Schnauzen, was auch der Identifizierung dient, und geben Kontaktlaute von sich. Innerhalb einer Rotte kann es oft sogar zu engen „Freundschaften" zwischen Schweinen kommen.

Folgende Doppelseite: „Artfremde" Freundschaften sind zwar nicht die Regel, belegen aber das neugierige Wesen des Schweins

Neben den Kontaktlauten quieken und „schreien" Schweine auch, beispielsweise aus Angst oder zur Warnung, wenn Feinde nahen. Oft bringen sie sich dann in Deckung, aber sie können auch kämpfen. Das tun sie mit ihrem Körpergewicht – sie rennen Feinde einfach über den Haufen – oder mit ihren Hauern.

Kämpfe untereinander finden vorwiegend während der Rauschzeit unter den Keilern, an Fressplätzen oder innerhalb der Rotte zum Festlegen der Rangordnung statt. Dabei versucht jeder Beteiligte die empfindlichen Ohren und Nacken außer Reichweite zu bringen. Man schiebt sich weg, stößt mit den Schnauzen, beißt oder deutet den Kampf durch Kopfstöße an. Das kann schon einmal brutal aussehen, doch zu ernsthaften Verletzungen kommt es dabei nur selten.

Schnupperkontakt spielt im Schweineleben eine wichtige Rolle

Die kleine Schweinebande: Ferkel und Frischlinge

Auch bei der Rauschzeit passen sich Schweine den äußeren Bedingungen, in Afrika etwa den Regenzeiten, an. Ein bis zwei Würfe mit einem bis zu acht Frischlingen sind die Regel. Die Tragzeit beträgt bei den meisten Arten drei bis fünf Monate. Zur Welt kommen die Frischlinge in einem der Umgebung angepassten Wurfkessel, den sie mit der Bache nach wenigen Tagen verlassen. Schon nach einigen Wochen sind sie entwöhnt.

In Mitteleuropa rauschen die Wildschweine zwischen Oktober und Februar, wobei sich die Zeit in jeder Rotte auf wenige Tage beschränkt. Angelockt von den Markierungen der Bachen suchen die

Für Ferkel beziehungsweise Frischlinge ist es wichtig, nach der Geburt möglichst schnell das Gesäuge der Mutter zu finden, um eine ausreichende Grundimmunisierung und Energiezufuhr zu erhalten

Früh übt sich: Kampf-spiele gehören bei Ferkeln und Frischlingen zum täglichen Ritual

Keiler nun die Nähe der Rotten. In der Regel deckt ein Keiler alle Bachen. Zuvor muss er sich erst gegen mögliche Konkurrenten durchsetzen. Ergreifen diese nicht freiwillig die Flucht, muss die Rangordnung ausgekämpft werden. Dann beginnt die Paarungszeremonie. Das Wechselspiel zwischen Bache und Keiler verläuft nach festen Regeln. Auch hier wird viel über den Geruchssinn vermittelt, hinzu kommen das Liebesgrunzen und die Schnauzenstöße des Keilers. Ist die Bache bereit, zeigt sie den Duldungsreflex und der Keiler springt für etwa fünf bis zehn Minuten auf. Ihren legendären Ruf in dieser Hinsicht verdanken die Schweine vor allem dem langen Vorspiel. Während der Rausche wird eine Bache mehrmals gedeckt.

Ferkel mögen Laufspiele. So entfalten sie ihre zunehmende Aktivität

Nach gut dreieinhalb Monaten, kurz vor der Geburt, sondert sich die Bache von der Rotte ab und baut einen Wurfkessel. Der sieht aus wie ein überdimensionales Vogelnest und ist äußerst funktional: An einem möglichst unzugänglichen und zugleich besonnten Platz werden Äste und Grünzeug zu einem kunstvollen Haufen verbaut, damit die Frischlinge innen genug Platz finden und von der schweren Bache nicht erdrückt werden können.

Die intensive Körperwärme kommt den Frischlingen zugute: Über zwanzig Grad wurden auch in kalten Wintern in Wurfkesseln gemessen. Damit keines lange oben liegt, herrscht im Kessel das Rotationsprinzip. Und im Kampf um die Zitzen beginnt auch schon gleich der Ernst des Lebens, bis die Verteilung nach einigen Tagen geklärt ist. Insbesondere durch viele Schnauzenkontakte werden die Jungen auf die Mutter geprägt. Sie selbst erkennt jedes schon an seinen Lauten.

Was dieser Keiler der Bache wohl ins Ohr flüstert? Wahrscheinlich wird es sich nur um das Angebot für eine Schneeballschlacht handeln ...

Zwischen Januar und Juni kann man sie dann sehen, die putzigen gestreiften Frischlinge – und auch ein paar gefleckte, die auf intime Begegnungen der Vorfahren mit Hausschweinen hinweisen.

Junge Warzenschweine haben keine Streifen und eine relativ kurze, dichte Behaarung

Trüffelschweine

Je nach Ernte und Beschaffenheit kostet ein Kilo bis zu 10 000 Euro. Vom Trüffel ist die Rede, dem wohl begehrtesten Speisepilz. Frankreich und Neuseeland sind die größten Lieferanten, doch auch das Piemont in Italien ist bevorzugtes Gebiet. Das Problem mit den Trüffeln: Die Pilze wachsen unterirdisch in bis zu fünfzig Zentimetern Tiefe, bevorzugt im Wurzelbereich von Eichen, Buchen oder Kastanien. Wer also, wenn nicht das Schwein mit seinen an die drei Milliarden Riechzellen und seinem Hang zum Wühlen wäre prädestiniert,

So wie hier in Lalbenque in Südwestfrankreich nutzen Bauern schon seit Generationen die feine Spürnase des Schweins zum Auffinden der begehrten Trüffel

die Suche nach dem Objekt der feinschmeckerischen Begierde aufzunehmen? Dabei muss die Schweinenase nicht einmal auf den unterirdischen Schlauchpilz konditioniert werden, denn der betörende Duft der Trüffel ist mit dem Sexualduftstoff des Ebers Androstenon fast identisch, weshalb auch nur geschlechtsreife Sauen für die Suche in Frage kommen. Dass heutzutage immer mehr Hunde zum Einsatz kommen, liegt allerdings weniger daran, dass deren Geruchssinn besser wäre, sondern ist darauf zurückzuführen, dass ein Hund wenig Bedürfnis verspürt, die Trüffel nach dem Fund zu verspeisen. Wahre Trüffelbauern aber schwören auf ihre Schweinetradition.

Schon der Marquis de Sade wusste: „Der Lebenskünstler und der Feinschmecker wissen, dass man ein Schwein sein muss, um Trüffel zu finden"

Zurück in der Rotte, gibt es dann zunächst Rangeleien unter den Jungen, in Lauf- und Kampfspielen messen sie sich. Nach ungefähr 15 Wochen sind sie entwöhnt. Die Sterblichkeitsrate unter Frischlingen ist sehr hoch. In Gefangenschaft und unter günstigen Bedingungen können Wildschweine bis zu 21 Jahre alt werden.

Schwein ist nicht gleich Schwein, doch bei allen Besonderheiten der einzelnen Arten: Die Grundzüge des hier vor allem anhand des einheimischen Wildschweins detaillierter beschriebenen Verhaltens sind allen Schweinen gemeinsam. Selbst Hausschweine, die mit bestimmten Zielen gezüchtet werden, und die zum Beispiel ganz anders als Wildschweine alle drei Wochen brünstig sind und bei einem Wurf beachtlicherweise bis zu zwanzig Ferkel zur Welt bringen, sind hier nicht auszunehmen. Freilandversuche haben ergeben, dass sie sich im Grunde wie ihre wild lebenden Artgenossen verhalten, sofern die Form der Haltung ihnen dies erlaubt.

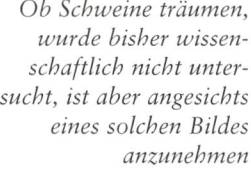

Ob Schweine träumen, wurde bisher wissenschaftlich nicht untersucht, ist aber angesichts eines solchen Bildes anzunehmen

Aussehen und Merkmale
oder Was macht das Schwein zum Schwein?

So wie es beim Verhalten viele Übereinstimmungen gibt, so haben alle Angehörigen der Echten oder Altweltlichen Schweine *(Suidae)* trotz ihres doch recht unterschiedlichen Aussehens auch viele biologische Gemeinsamkeiten. Diese unterscheiden sie zugleich von anderen Ordnungen im Tierreich und auch von den Pekaris, die die Familie der Neuweltlichen Schweine *(Tayassuidae)* bilden und vor allem im Südwesten der USA sowie in Süd- und Mittelamerika vorkommen. Interessant in diesem Zusammenhang ist übrigens die enge Verwandtschaft der Schweine zu den Flusspferden. Als Nicht-Wiederkäuer und mit einem ähnlichen Backenzahnschema haben sie damit sogar eine gewissen Nähe zu den Walen, die unter morphologischen Gesichtspunkten die nächsten lebenden Verwandten des

Das Pekari (auch Neuweltliches oder Nabelschwein) sieht zwar äußerlich wie ein Angehöriger der Suidae aus, bildet aber innerhalb der biologischen Systematik eine eigene Familie

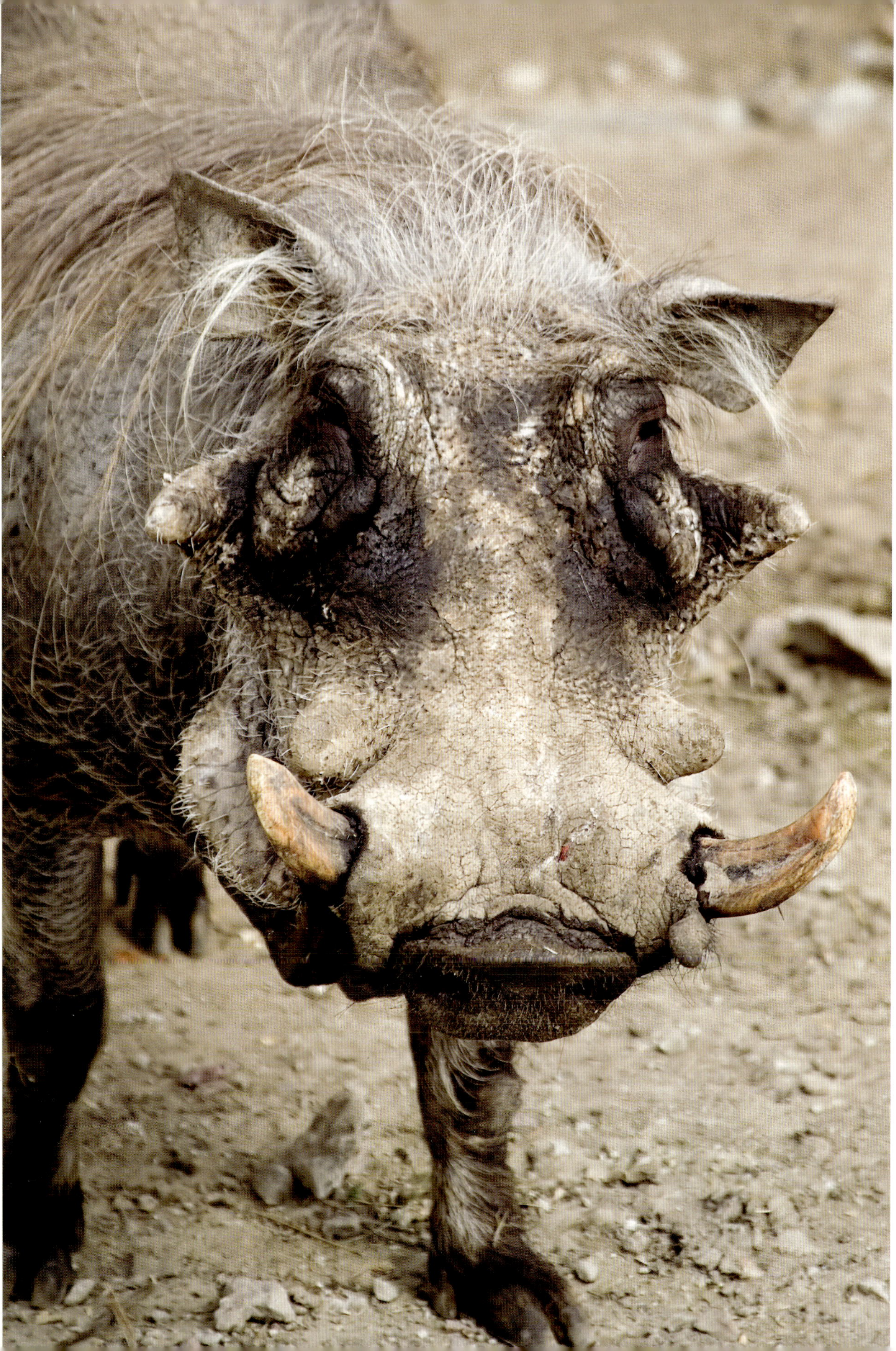

Flusspferdes sind. Wer hätte das gedacht: Schweine und Wale sind enger verwandt als Schweine und Meerschweinchen!

Die Echten Schweine sind Säugetiere aus der Ordnung der Paarhufer. Sie verfügen mithin über eine gerade Anzahl – bei den Schweinen sind es an jedem Fuß vier – Zehen, was sie mit zahlreichen anderen Vertretern dieser Gruppe gemein haben, darunter Rinder, Ziegen oder Schafe, allesamt wirtschaftlich bedeutende Säugetiergruppen. Bei den Schweinen ist die dritte und vierte Zehe mit Hufen oder vielmehr Klauen ausgestattet, die das ganze Gewicht des Tieres tragen.

Prachtexemplar eines Warzenschweins. Man beachte die langen Eckzähne, die im Gegensatz zu den Hauern ihrer domestizierten Verwandten für den Kampf gegen Fressfeinde überlebenswichtig sind

Gut zu erkennen ist bei diesem Wildschwein die Ausprägung der Klauen. Die ursprünglich vorhandene erste Zehe ist bei allen Paarhufern inzwischen nicht mehr vorhanden. Die zweite und fünfte Zehe, auch Afterklauen genannt, weisen nach hinten und berühren den Boden nicht, während die stark ausgeprägte dritte und vierte Zehe die Mittelachse eines Beins bilden

Ausgiebiger Schlaf hat noch keinem geschadet, denn hinterher ist man umso aufgeweckter

Auffallend ist die stämmige, fast fassförmige Körperform, die Schweine von anderen Paarhufern wie Rindern, Kamelen oder gar Giraffen unterscheidet: Der Rumpf ist kräftig, der Kopf im Verhältnis zum restlichen Körper groß und die Beine sind eher kurz. Die Kopfrumpflängen variieren je nach Art und umfassen 50 bis 210 Zentimeter. Dazu kommt ein Schwanz, der zwischen fünf und vierzig Zentimeter lang sein kann. Abhängig vom Körperbau des Schweins ist sein Gewicht. Zwergwildschweine wiegen zwischen sechs und zwölf Kilogramm, ein ausgewachsenes Riesenwaldschwein, die größte lebende Schweineart, kann bis zu 275 Kilogramm auf die Waage bringen.

Vielfalt der Statur: Von der Wuchtbrumme …

Charakteristisch für den Kopf des Schweins ist der keilförmige Schädel, dessen Schnauze in einer kreisrunden Rüsselscheibe endet, einem Organ mit extrem gut ausgebildetem Geruchssinn und bestens geeignet für das Wühlen nach Futter im Erdreich. Echte Schweine haben 34 bis 44 Zähne, von denen besonders die Eckzähne hervorstechen. Beim Warzenschwein können sie bis zu 60 Zentimeter lang sein, bei den Hirschebern wachsen sie sogar durch den Rüssel. Die Augen liegen weit oben am Kopf, die Ohren sind schmal und spitz. Vor allem bei den gezüchteten Rassen findet man Hängeohren. Während Gehör- und Geruchssinn stark ausgeprägt sind, ist die Sehfähigkeit weniger leistungsfähig.

Die Haut des Schweins ist derb und meist mit borstenartigen Haaren versehen, deren Dichte aber je nach Rasse variiert. Wild- oder Wollschweine beispielsweise weisen eine starke Behaarung auf, hochgezüchtete Schweinerassen können aber auch fast ganz haarlos sein. Während die Lederhaut oder Schwarte heute fast nur noch für die

... bis zur durchtrainierten Sportlerfigur hat das Schweinereich je nach Alter und Art alles zu bieten

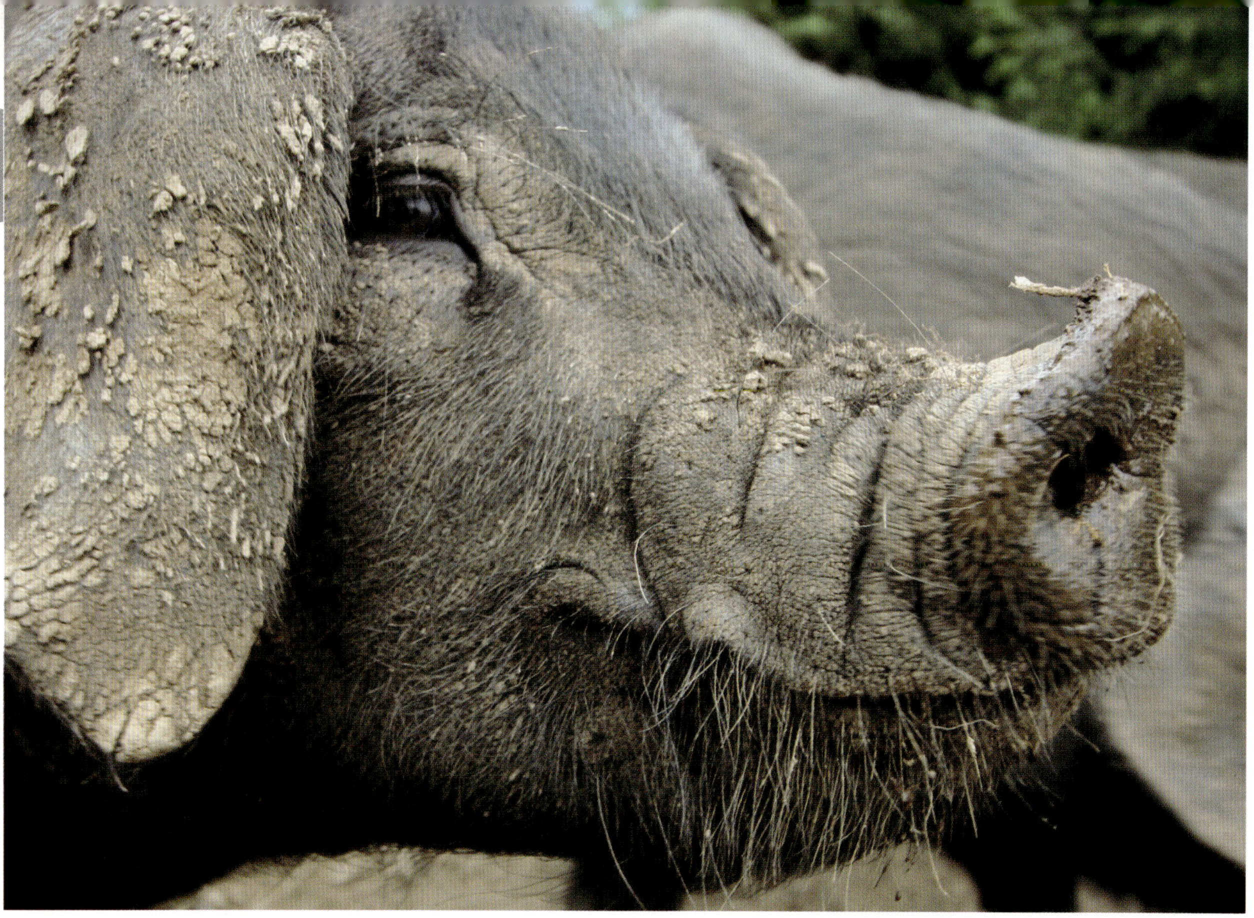

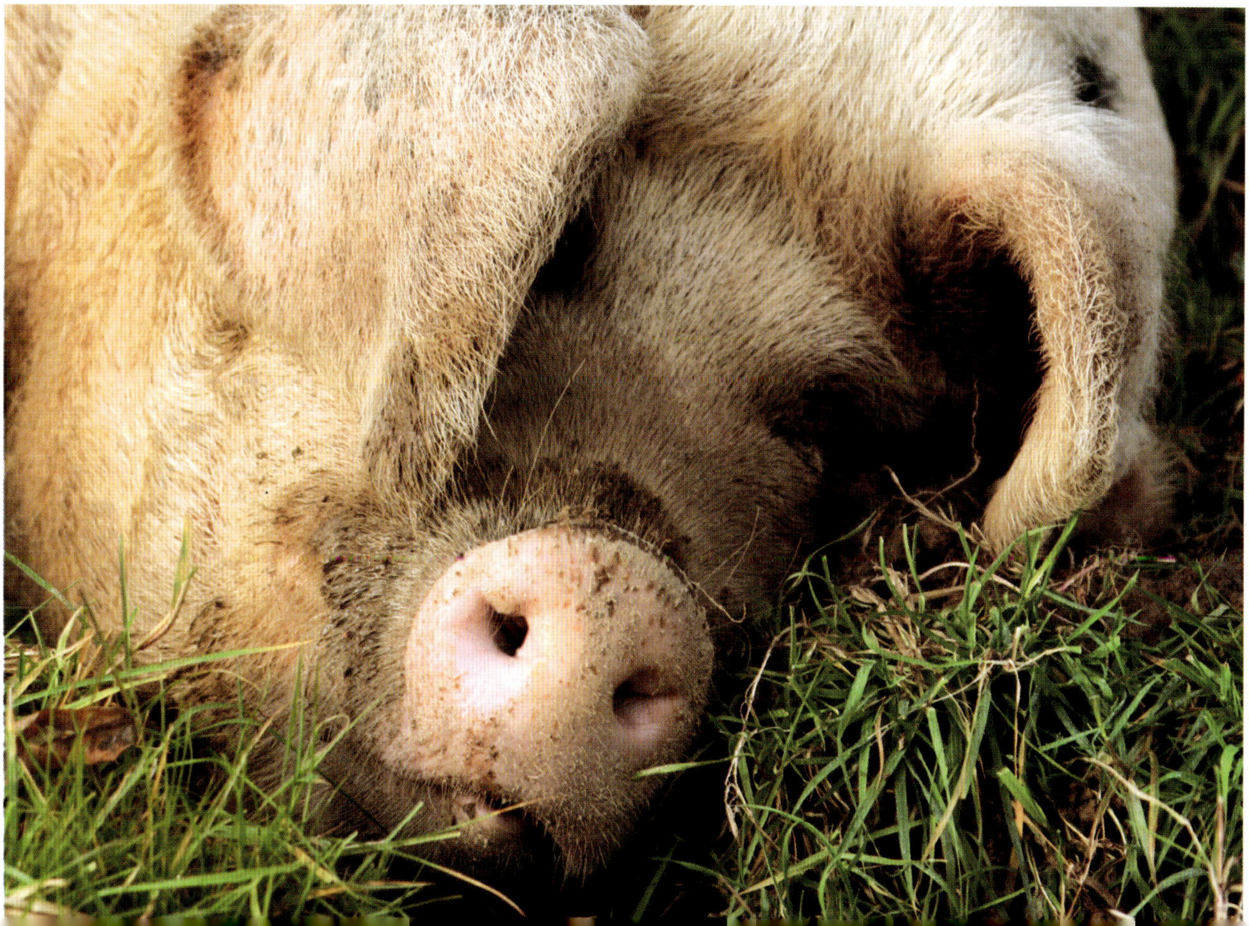

Lederherstellung genutzt wird, ist die elastische Unterhaut in der Lage, Fett einzulagern. Unter tropischen oder subtropischen Klimabedingungen bilden Schweine kein Unterhautfett, weil hier die Funktion der Wärmeisolation keine Rolle spielt. Abhängig von der Region und damit auch den Temperaturunterschieden über das Jahr wechseln Schweine aber auch ihr Haarkleid. Das europäische Wildschwein beispielsweise verliert im Frühjahr sein dichtes Winterhaar und legt sich ein kurzes, wollhaarfreies Sommerfell zu. Die Farbe des Fells ist jedoch völlig uneinheitlich. Sie geht von weißlich bis sandfarben über rötlichbraun bis hin zu schwarz. Die Haut ist nicht nur Schutz- und Sinnesorgan, sondern dient auch der Wärmeregulation. Da Schweine kaum Schweißdrüsen besitzen, können sie nicht schwitzen und sind extrem anfällig für Hitze. Daraus ergibt sich, wie schon weiter oben erwähnt, die Verhaltensweise des Suhlens im Schlamm.

Bei einem solchen Riechorgan verwundert es nicht, dass man vom Schwein behauptet, es röche das Fressen über neun Zäune. Und die „freche" Zunge? Offenbart sich hier etwa einmal mehr die Nähe zum Menschen?

Physiologisch sind sich Schwein und Mensch sehr ähnlich. Zahlreiche Organe wie Leber, Herz oder Bauchspeicheldrüse sind durchaus vergleichbar, weshalb Schweine in neuerer Zeit begehrtes Objekt der Transplantationsmedizin geworden sind. Auch der Stoffwechsel ist dem des Menschen ähnlich, mithin auch zahlreiche Krankheitserscheinungen. Schweine werden deshalb auch in Versuchslaboren zu Testzwecken gehalten; das Minischwein wurde in den 1960er-Jahren sogar extra zu diesem Zweck gezüchtet. Und noch eine Gemeinsamkeit ist auffällig: Schweine sind – sicherlich auch Begleiterscheinung von Züchtungen – ebenso stressanfällig wie Menschen.

Auch Rosa ist schön. Dieses Schwein hat eindeutig das Zeug zum Werbestar

Die große Familie der Schweine

oder *Über wilde und häusliche Schweine*

Der eine denkt beim Thema Schwein an die Farbe Rosa – genauer Schweinchenrosa –, der andere hat vielleicht das Wildschwein im Kopf, das jüngst Nachbars Garten umgepflügt hat. Die weit verzweigte Schweinefamilie hat jedoch weit mehr zu bieten. Man denke nur an das Warzenschwein mit dem imposanten Schädel – was für ein Urgestein –, an das wuchtige Riesenwaldschwein oder das anmutige Pinselschwein. Doch nicht nur unter den Exoten finden sich faszinie-

Der wilde Vorfahr des Hausschweins: das allen bekannte Wildschwein

rende Tiere, auch unsere einheimischen Wildschweine und die von ihnen abstammenden und im Übrigen ebenfalls sehr vielgestaltigen Hausschweine lohnen einen genaueren Blick.

Schweine gehören innerhalb der Säugetiere *(Mammalia)* zur Ordnung der Paarhufer *(Artiodactyla)* und weiter zur Überfamilie der Schweineartigen *(Suina),* die aus den Echten oder Altweltlichen Schweinen *(Suidae)* und den Nabelschweinen oder Pekaris *(Tayassuidae)* besteht. Die Schweineartigen bilden zusammen mit den Flusspferden die Nichtwiederkäuer unter den Paarhufern.

Die Echten Schweine wiederum gliedern sich in fünf Gattungen: die Riesenwaldschweine, die Hirscheber, die Buschschweine, die Warzenschweine sowie die Wild-, Bart- und Pustelschweine. Das Wildschwein ist nach heutigen Erkenntnissen die Stammform aller Hausschweine.

Ein exotischer Star: das Warzenschwein

Riesenwaldschwein (Hylochoerus meinertzhageni)

Hylochoerus meinertzhageni – was für ein klangvoller Name! Das Riesenwaldschwein ist der einzige Vertreter der Gattung *Hylochoerus* und das Meinertzhagen(i) hat es mit seinem offiziellen Entdecker, einem britischen Offizier, gemein. Als letzte große Säugetierart Afrikas machte sich das Riesenwildschwein erst 1904 bei den Wissenschaftlern einen Namen.

Den Einheimischen war der Riese durchaus nicht verborgen geblieben, erreicht er doch eine Länge von bis zu zwei Metern zehn und beeindruckender noch: Um die 250 Kilogramm bringt er auf die Waage. Das dichte Fell ist schwarz oder dunkelbraun und borstig, im Alter lichtet es sich, sodass die Greise, die bis zu zwölf Jahre alt werden können, wie nackt wirken. Der Kopf ist groß und breit, geprägt von der großen Rüsselscheibe und starken, im Vergleich zu den Warzenschweinen allerdings kürzeren Eckzähnen sowie baumschwammähnlichen Warzen unter den Augen der Keiler. Sind die Tiere erregt, stellen sich die am Hals zu einer leichten Mähne verdichteten Haare auf. Man möchte nicht unbedingt erleben, dass ein solcher Koloss auf einen zurast.

Die männlichen Tiere tragen ihre Kämpfe untereinander sehr heftig aus: Aus großem Abstand laufen die Kontrahenten mit voller Wucht aufeinander zu und krachen mit ihren Schädeln zusammen. Und auch bei Bedrohung reagieren die Riesenwildschweine durchaus energisch – gegen ihre natürlichen Feinde, Leoparden und Hyänen, und in entsprechenden Situationen können sie auch Menschen angreifen. So ist es wenig erstaunlich, dass sie als Gefahr wahrgenommen wurden und im Volksglauben einiger afrikanischer Stämme als Unglücksboten galten und immer noch gelten.

Nicht einfach zu beobachten, lebt das Riesenwaldschwein in dichten (Berg)wäldern, unzugänglichem Buschland und Savannen in den äquatorialen Breiten des afrikanischen Kontinents. Es wurde in Regionen von bis zu 3700 Metern Höhe entdeckt. Die größte Unterart lebt in Ostafrika.

Ist keine Gefahr im Verzug, sind die scheuen Tiere allerdings sehr gutmütige Zeitgenossen. Sie leben in festen Familienverbünden von bis zu zwanzig Tieren, in denen die Sauen oft lebenslang verbleiben, während die Keiler zwischenzeitlich als Einzelgänger leben und sich dann einer neuen Rotte anschließen. Die Schlafplätze im Wald werden häufig über lange Zeit hinweg benutzt und sauber gehalten – die bis zu einem Meter hohen Dunghaufen befinden sich immer in einigem Abstand.

Auch wenn eine Nachtaktivität von den Forschern nicht ausgeschlossen wird, geht man heute davon aus, dass die Tiere ihre Hauptaktivität in den frühen Morgen- und späten Nachmittagsstunden entfalten. Die Lieblingsbeschäftigung der Riesenwaldschweine ist das Suhlen – bis zu einer Stunde nimmt es pro Tag ein.

Ihre fast ausschließlich vegetarische Nahrung suchen die Riesenwaldschweine im Unterschied zu den meisten anderen Schweinen nicht, indem sie mit dem Rüssel im Boden wühlen. Sie reißen erhobenen Hauptes vor allem Blätter und Früchte von Büschen und Bäumen ab. Man ist schließlich etwas Besseres und kein gemeines Schwein.

Heute ist ihr Lebensraum durch die Abholzung stark zerstückelt und wegen ihres beliebten Fleisches werden sie viel gejagt, vorwiegend mit Schlingen. Zwar ist die Art als solche noch nicht bedroht, doch die Bestände gehen deutlich zurück. In Gefangenschaft sind Riesenwaldschweine bis jetzt immer schnell gestorben, sodass man sie in Zoologischen Gärten kaum finden wird.

Ein seltenes Fotomotiv das (kamera)scheue Riesenwaldschwein

Warzenschwein (Phacochoerus)

Wie ein Urtier kommt es daher, das Warzenschwein. Gänzlich unverkennbar ist der mächtige breite Kopf mit den namensgebenden drei Paar Gesichtswarzen. Biologisch betrachtet sind es verknorpelte Hautgebilde, die nicht mit den Schädelknochen verwachsen, doch steht man einem Warzenschwein das erste Mal gegenüber, sind sie Teil eines solch urtümlichen Schädels, wie man ihn noch nicht gese-

Den Afrika-Besucher erwarten nicht nur Löwen und Elefanten, auch das Warzenschwein hinterlässt einen bleibenden Eindruck

hen hat. Hinzu kommen die nach oben gebogenen unteren Eckzähne, die eine Länge von bis zu sechzig Zentimetern haben und als geschliffene Waffe gegen Feinde wie Löwen, Leoparden und Hyänen eingesetzt werden. Die im Fachjargon als Gewehre bezeichneten Zähne haben auch schon manchem Jäger zugesetzt. Der Kopf kommt auf hohen dünnen Beinen daher. Doch da ist noch der Rumpf: walzenförmig, nur spärlich mit weißen oder schwarzbraunen Borsten behaart, doch häufig mit einer feinen Mähne auf Scheitel und Rücken.

Das Warzenschwein beeindruckt trotz immerhin bis zu 150 Kilogramm Lebendgewicht weniger durch Masse, wie das Riesenwaldschwein, als vielmehr durch seine bizarre Gestalt. Auf die Statur ist auch die für das Warzenschwein typische „halbkniende" Haltung zurückzuführen: Um mit der Schnauze zum Boden zu kommen, lässt es sich auf seine durch Schwielen geschützten Handgelenke nieder. Die tagaktiven Tiere ernähren sich hauptsächlich von kurzem Gras. Das Warzenschwein bevorzugt offenes Gelände und lebt in den Grassavannen Afrikas südlich der Sahara, in Äthiopien, Kenia und am Kilimandscharo in bis zu 3000 Metern Höhe. Es bleibt in der „Kleinfamilie", zu der neben dem Elternpaar und den Jungen des letzten Wurfs manchmal noch die Jungen des Vorjahrs gehören, wobei sich der Eber oft abseits seiner Familie aufhält. Warzenschweine scheinen in Einehe zu leben. Da die Sau nur vier Zitzen hat, kommen immer höchsten vier Junge durch. Warzenschweine schlafen gern in verlassenen Erdferkelhöhlen, in denen sie bei Gefahr auch Zuflucht finden. Hin und wieder bilden mehrere Familien eine kleine Gruppe. Die Begrüßung ist stets herzlich: mit Grunzlauten und dem Aneinander-

Folgende Doppelseite:
Eine Gruppe indischer
Warzenschweine

reiben der Flanken, das zugleich der Körperpflege dient. Ein schönes Bild: Läuft eine Rotte Warzenschweine – sie können bis zu fünfzig Stundenkilometer erreichen –, haben alle den Schwanz erhoben.

Warzenschweine kommen trotz der hohen Sterberate unter den Frischlingen und obwohl sie als Wirt von Parasiten, die Nutztieren schaden können, viel gejagt werden, wegen ihrer hohen Geburtenrate recht häufig vor. Nur die Wüstenwarzenschweine *(Phacochoerus aethiopicus)*, die sich nur wenig von den eigentlichen Warzenschweinen unterscheiden, sind gefährdet. Die früher in Südafrika beheimatete Unterart ist bereits ausgestorben, die nördliche Unterart ist noch in Äthiopien, in Nordkenia und Somalia beheimatet.

Typisch bei Warzen-schweinen: Zum Grasen knien sie sich auf die Handgelenke nieder

Hirscheber (Babyrousa)

„Hirscheber" ist eine wörtliche Übersetzung des Begriffes Babyrousa, der aus den indonesischen Wörtern für Hirsch und Schwein zusammengesetzt ist. Indonesisch deshalb, weil alle drei noch vorhandenen Arten der Hirscheber allein in Indonesien anzutreffen sind, genauer auf Sulawesi, das auch unter dem Begriff Celebes bekannt ist, dem Togian-Archipel und den Molukken. Und warum nun

Die vier Eckzähne des Babyrousa wirken in ihrem bizarren Wuchs fast geweihartig

Hirscheber? Hat man das Glück, einen Blick auf eines der wenigen Exemplare dieser Gattung zu erhaschen, kennt man den Grund: Die Zähne des männlichen Hirschebers bilden eine Art Geweih.

Einzigartig im Tierreich ist das Wachstum der oberen Eckzähne der männlichen Tiere: Sie wachsen von innen durch den Rüssel nach außen. Anschließend formen sie einen Kreis nach hinten, wobei sie wieder in den Rüssel hineinwachsen können. Welche Funktion die leicht zerbrechlichen Hauer übernehmen, ist noch nicht geklärt. Zusammen mit den unteren Eckzähnen, die seitlich aus der Schnauze herauswachsen, ergibt sich ein geweihähnlicher Eindruck. Mit diesem einzigartigen Erscheinungsbild haben sie Eingang in mythische

Auch ohne die vermutlich beim Kampf verlorenen Eckzähne macht dieser Babyrousa noch eine eindrucksvolle Figur

Rituale gefunden. So dienten sie als Vorbild für balinesische Dämonenmasken, sulawesische Stammesfürsten machten die Tiere den damals noch fremden europäischen Entdeckern zum Gastgeschenk.

Da die Hirscheber die einzigen Säugetiere sind, bei denen ein Zahn völlig regulär und problemlos durch die Haut wächst, interessiert sich sogar die medizinische Forschung für diese Gattung. Man erhofft sich unter anderem Fortschritte beim Einsatz von Implantaten.

Eine Sonderstellung unter den Schweinen nehmen die Hirscheber auch insofern ein, dass ihre verwandtschaftlichen Verhältnisse innerhalb der Schweinefamilie bis heute nicht genau geklärt sind und einige Forscher von einer nahen Verwandtschaft zu den Flusspferden ausgehen.

Die Hirscheber sind etwas kleiner als unsere Wildschweine, haben jedoch lange dünne Beine. Die Behaarung ist bei den drei Arten unterschiedlich dicht, wobei die auf Sulawesi ansässigen Hirscheber besonders durch ihre faltige und nur spärlich behaarte Haut auffallen. Die Tiere lieben Sumpfwälder und dicht bewachsene Ufer. Sie können hervorragend schwimmen und sind auch im Meer zu beobachten. Wie die Riesenwaldschweine wühlen sie nicht im Boden, vielmehr ernähren sie sich von Früchten, Nüssen und Insektenlarven. Über das Sozialverhalten der Hirscheber ist nur wenig bekannt, sie scheinen jedoch eher einzelgängerisch zu leben.

Die Gattung ist gefährdet durch die Brandrodung der Wälder und die Bejagung, weshalb sie dem Artenschutz unterliegt. Einige wenige Zoos halten Hirscheber und bemühen sich um die Zucht zur Erhaltung.

Buschschwein (Potamochoerus)

Die Gattung umfasst zwei Arten, das Buschschwein *(Potamochoerus larvatus)* und das Pinselohr- oder Flussschwein *(Potamochoerus porcus)*. Da sie sich insgesamt sehr ähnlich sind, wurden sie früher als eine Art betrachtet.

Das Buschschwein hat ein etwas zotteligeres und weniger kontrastreiches Fell, zeichnet sich durch eine hell gefärbte Rückenmähne aus und lebt im östlichen und südlichen Afrika von Äthiopien bis Südafrika. Außerdem gibt es auch auf Madagaskar Buschschweine, die jedoch vermutlich eingeführt wurden.

Das Pinselohrschwein ist das Schwein mit der auffälligsten Färbung überhaupt. Es hat ein rotbraunes Fell mit einem weißen Strich auf dem Rücken, das Gesicht weist schwarze und weiße Töne auf. Besonders charakteristisch sind der lange Backenbart und die weißen Büschel an den Ohren, die ihm seinen Namen gegeben haben. Möchte man jemanden davon überzeugen, dass es auch ausgesprochen hübsche Schweine gibt, ist dies sicher ein gutes Beispiel. Das schöne Schwein lebt in West- und Zentralafrika und ist vom Senegal bis in die Demokratische Republik Kongo zu finden.

Buschschweine haben generell einen eher rundlichen Körper von rund einem Meter zwanzig Länge und im Gegensatz zu den Warzenschweinen kurze und kräftige Beine. Die Keiler haben Gesichtswarzen. Die Tiere sind nachtaktiv und brauchen Vegetation, in der sie sich verbergen und ihre Mulden zum Schlafen graben können.

Sie leben im Allgemeinen in Familiengruppen, die von einem Keiler begleitet werden. Anders als die Warzenschweine sind die Buschschweine Allesfresser, sie graben nach Wurzeln und Knollen, fressen Früchte und kleine Tiere.

Buschschweine sind die Schweine, die in Afrika nicht nur am weitesten verbreitet, sondern auch am häufigsten anzutreffen sind. Sie können sich an viele Bedingungen anpassen und leben in Wäldern,

Erstmals erwähnt wurden Buschschweine im Jahr 1648 in einem Werk über Brasilien; ihr angestammtes Habitat aber ist Afrika

Sümpfen und Savannen. Durch die Diminuierung ihrer Hauptfeinde, der Leoparden, können sie sich mancherorts so stark vermehren, dass sie als Plage wahrgenommen werden. Da sie dort leicht Nahrung finden, halten sich Buschschweine gern in der Nähe menschlicher Siedlungen auf und verwüsten die Plantagen der Umgebung. Sie werden seltener auch als Nahrungslieferanten gehalten, wobei sie sich in Gefangenschaft nicht vermehren, weshalb es kaum zur Domestizierung kommt.

Folgende Seite: Über Geschmack lässt sich bekanntlich streiten, doch dass es sich beim Pinselohrschwein um ein höchst ansehnliches Tier handelt, steht wohl außer Frage

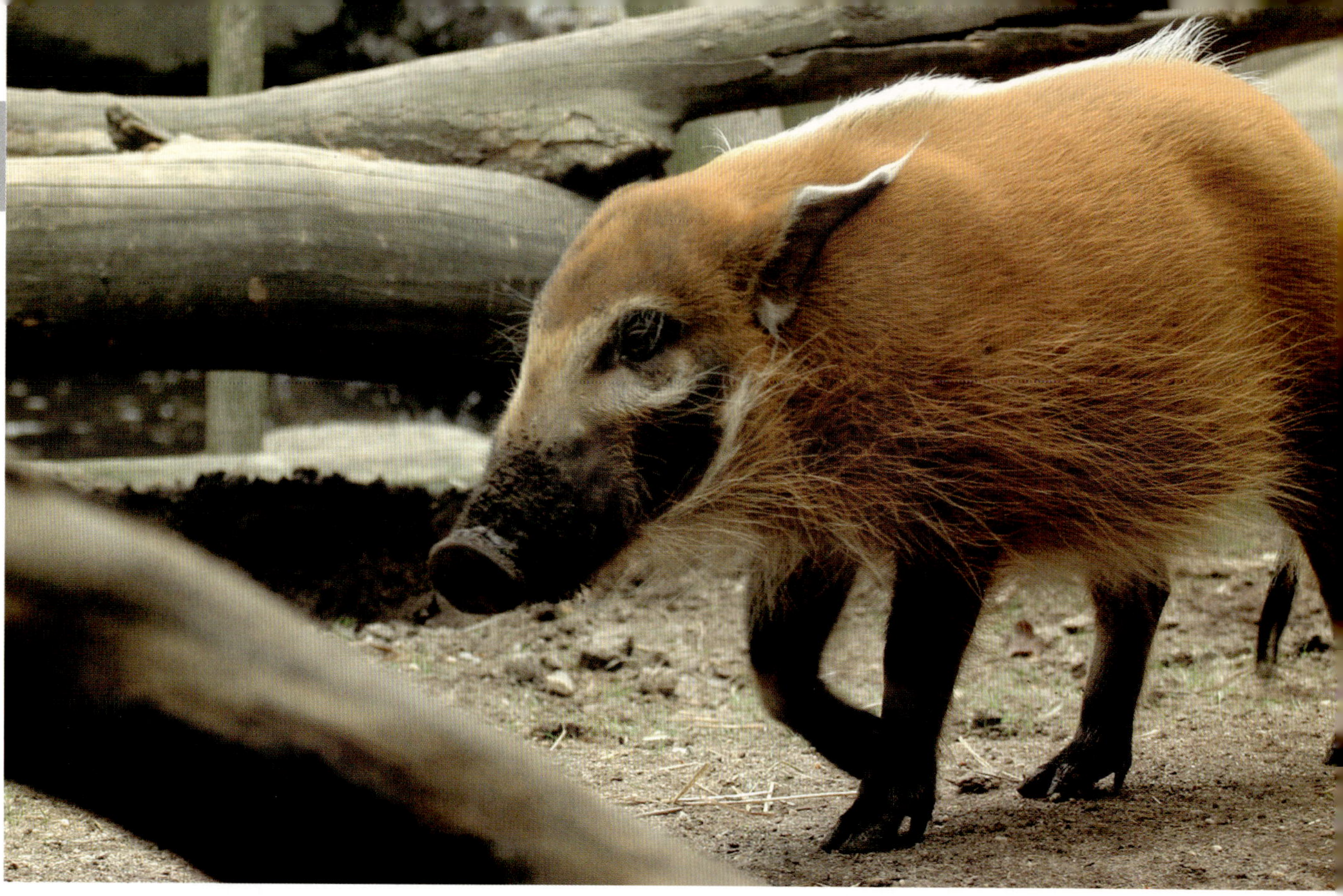

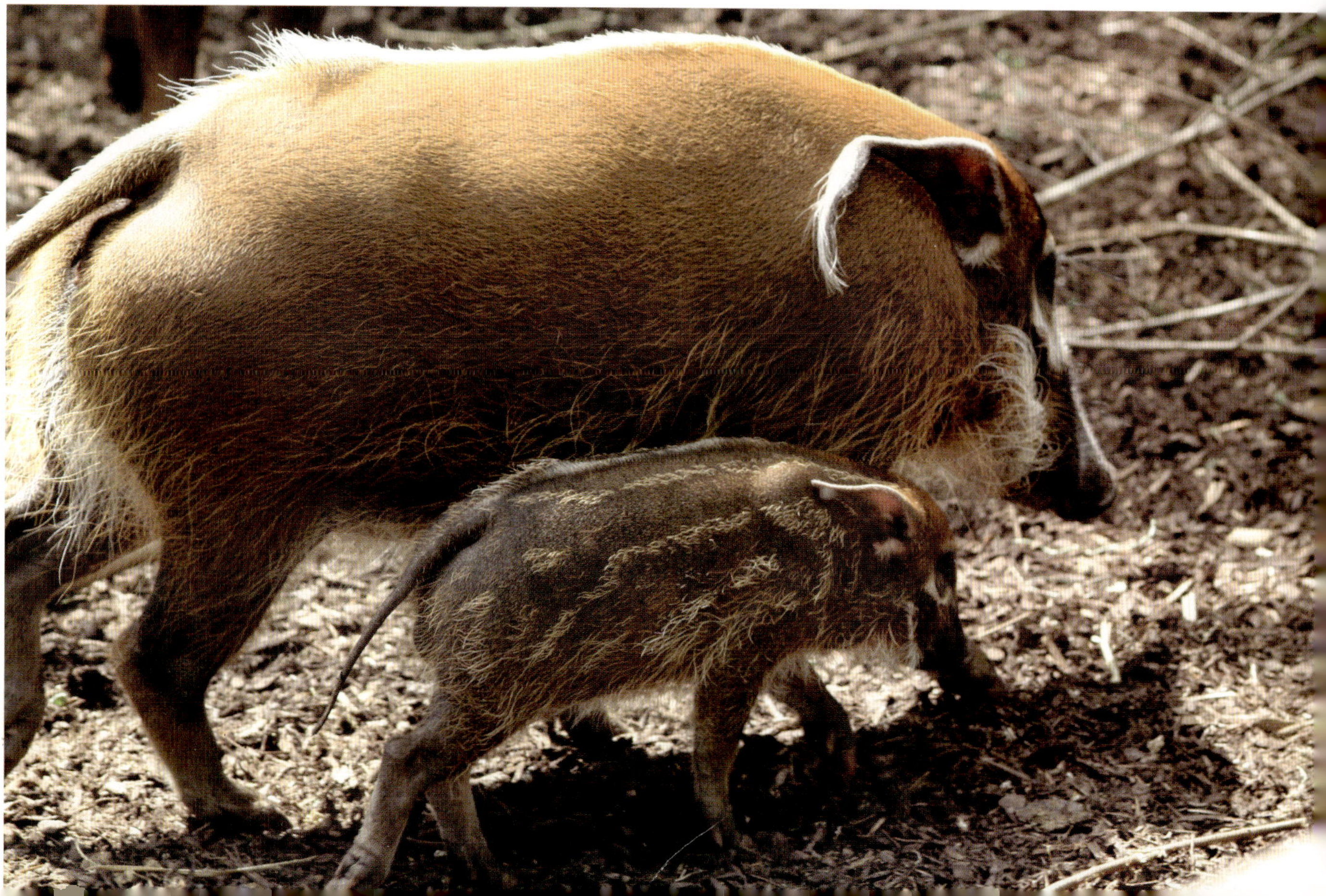

Wild-, Bart- und Pustelschwein (Sus)

Zur Gattung *Sus* zählen neben unserem Wildschwein auch das Pustelschwein mit sechs Arten, das Bartschwein mit zwei Arten und das Zwergwildschwein. Der ursprüngliche Verbreitungsraum erstreckt sich von Eurasien bis Nordafrika, wobei Südostasien die größte Artenvielfalt aufweist. Die domestizierten Hausschweine sind mittlerweile weltweit anzutreffen.

Pustelschweine verdanken ihren Namen ihren drei Paar Gesichtswarzen. Man unterscheidet sechs Arten: Annamitisches Pustelschwein *(Sus bucculentus)*, Visayas-Pustelschwein *(Sus cebifrons)* – vom Aussterben bedroht –, Sulawesi-Pustelschwein *(Sus celebensis)*, Min-

Im Vergleich zu anderen Schweinen ist das Bartschwein eher schlank und hochbeinig

doro-Pustelschwein *(Sus oliveri)*, Philippinisches Pustelschwein *(Sus philippensis)* und Javanisches Pustelschwein *(Sus verrucosus)*. Sie alle bewohnen das indonesische Archipel, sind jedoch auf den beiden großen Inseln Sumatra und Borneo nicht zu finden. Die eher kleinen Schweine leben in Familiengruppen, sind Allesfresser und bevorzugen sumpfiges Gelände.

Ihr naher Verwandter, das **Bartschwein,** hat auch Gesichtswarzen, jedoch nur zwei Paar, und sein auffälligstes Kennzeichen ist die helle Behaarung seines Rüssels. Darüber hinaus kann es mit einer für ein Schwein außergewöhnlich schmalen Taille angeben, und auch der Kopf ist schmal und lang.

Was, wenn nicht sein Bart, wäre das typische Erkennungsmerkmal des Bartschweins

Die Familiengruppen leben auf einem überschaubaren Raum in Wäldern und Dickichten, doch einmal im Jahr machen die Tiere etwas für Schweine sehr Ungewöhnliches: Sie schließen sich zu großen Gruppen von oft über hundert Bartschweinen zusammen und wandern über weite Strecken. Die Einheimischen nutzen diese Gelegenheit zur Jagd. Der Bestand ist jedoch nicht gefährdet.

Die Gattung umfasst zwei Arten: das Bartschwein *(Sus barbatus)*, das auf Sumatra, Borneo und der Malaiischen Halbinsel lebt, sowie das Palawan-Bartschwein *(Sus ahoenobarbus)*, das nicht nur auf Palawan, sondern auch auf anderen philippinischen Inseln heimisch ist.

Das **Zwergwildschwein** *(Sus salvanius)* hat wie das Wildschwein weder Gesichtswarzen noch Bart. Diese kleinste Wildschweinart kommt nur in den südlichen Himalaja-Staaten vor und hat in etwa die Größe eines Hasen. Das Fell ist graubraun und auch bei diesem kleinen Tier gucken die Hauer des Männchens aus der Schnauze heraus. Das Zwergwildschwein ist vom Aussterben bedroht und steht deshalb unter Artenschutz.

Das Zwergwildschwein steht auf der Liste der bedrohten Arten, man schätzt die Gesamtpopulation nur noch auf 100 bis 150 Tiere

So viele Arten wild lebender Schweine gibt es – doch nur eine davon lebt in Europa: das uns allen bekannte **Wildschwein** *(Sus scrofa)*. Es gehört zu den größten der hier noch einheimischen Wildtierarten. Das Wildschwein ist jedoch nicht nur in Europa ansässig, es hat das mit Abstand größte Verbreitungsgebiet aller wild lebenden Schweine-

Auch zarte Blättchen lassen sich mit dem langen Rüssel bestens pflücken. Sie werden mit den Schneidezähnen abgerissen

arten: Neben Europa besiedelt es Nordafrika sowie die gemäßigten und tropischen Gebiete Asiens bis hin zur ostasiatischen Inselwelt. Wildschweine leben im Regenwald ebenso wie in Küstengebieten, allein in Wüsten, Hochgebirgen und Gebieten mit dauerhaft geschlossener Schneedecke wird man sie nicht antreffen. In Europa bevorzugen Wildschweine Mischwald, doch begnügen sie sich auch mit Fichtenwäldern. Was ihnen wichtig ist, sind reiche Wasservorkommen, damit sie sich suhlen können, weshalb sie die in Europa weitgehend verschwundenen Auenwälder geliebt haben.

Kann eine Tierart unter solch unterschiedlichen Bedingungen leben, setzt dies eine geringe Spezialisierung und eine hohe Anpassungsfähigkeit voraus. Dieser zugute kommt, dass Wildschweine Allesfresser sind. Sie durchwühlen mit ihrem Rüssel den Boden auf der Suche nach Wurzeln, Knollen, Larven und Insekten, sie fressen Blätter, Eicheln, Bucheckern, Kräuter, Früchte und alles mögliche pflanzliche wie tierische Material, auch Aas, wobei die pflanzliche Nahrung deutlich überwiegt. Der Wildschweinrüssel ist perfekt zum Wühlen geeignet: lang, kräftig und mit einer sensiblen Rüsselscheibe ausgestattet, die auch kleine Nahrungsteile ertastet.

Mit ihrem keilförmigen Körper können sich Wildschweine selbst in dichtem Untergehölz gut fortbewegen und – vom äußeren Anschein nur schwer vorstellbar – sind auch im Wasser behände. Auch was die „Zubettgehzeit" angeht, sind Wildschweine flexibel: Ursprünglich tagaktiv sind sie jetzt vielerorts vor allem nachts unterwegs, da sie dann weniger Störungen durch den Menschen ausgesetzt sind.

Wildschweine leben in Familienverbänden, die aus miteinander verwandten Bachen mit ihrem Nachwuchs bestehen. Erwachsene Keiler leben als Einzelgänger und stoßen nur zur Zeit der Fortpflanzung, während der Rauschzeit, zur Rotte. Das „Matriarchat" der Rotte ist klar strukturiert: Die Leitbache hat das Sagen, die Frischlingskeiler stehen ganz unten in der Rangordnung, wobei die Neugeborenen die ersten drei, vier Monate eine gewisse Narrenfreiheit genießen.

Folgende Doppelseite: Zunächst gestreift, bekommen die Frischlinge nach ungefähr drei Monaten ein insgesamt bräunliches Fell. Gefleckte Frischlinge zeugen von intimen Begegnungen mit Hausschweinen

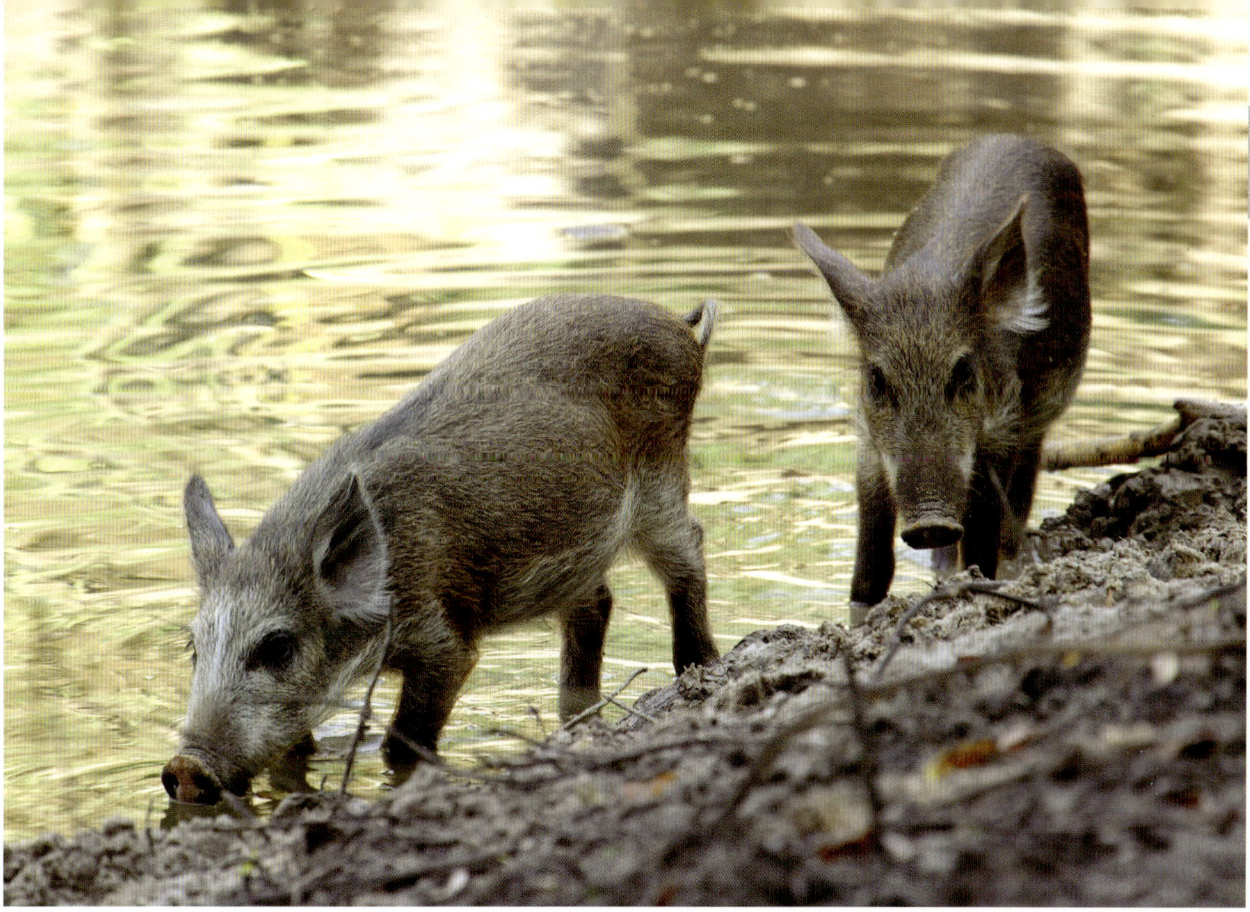

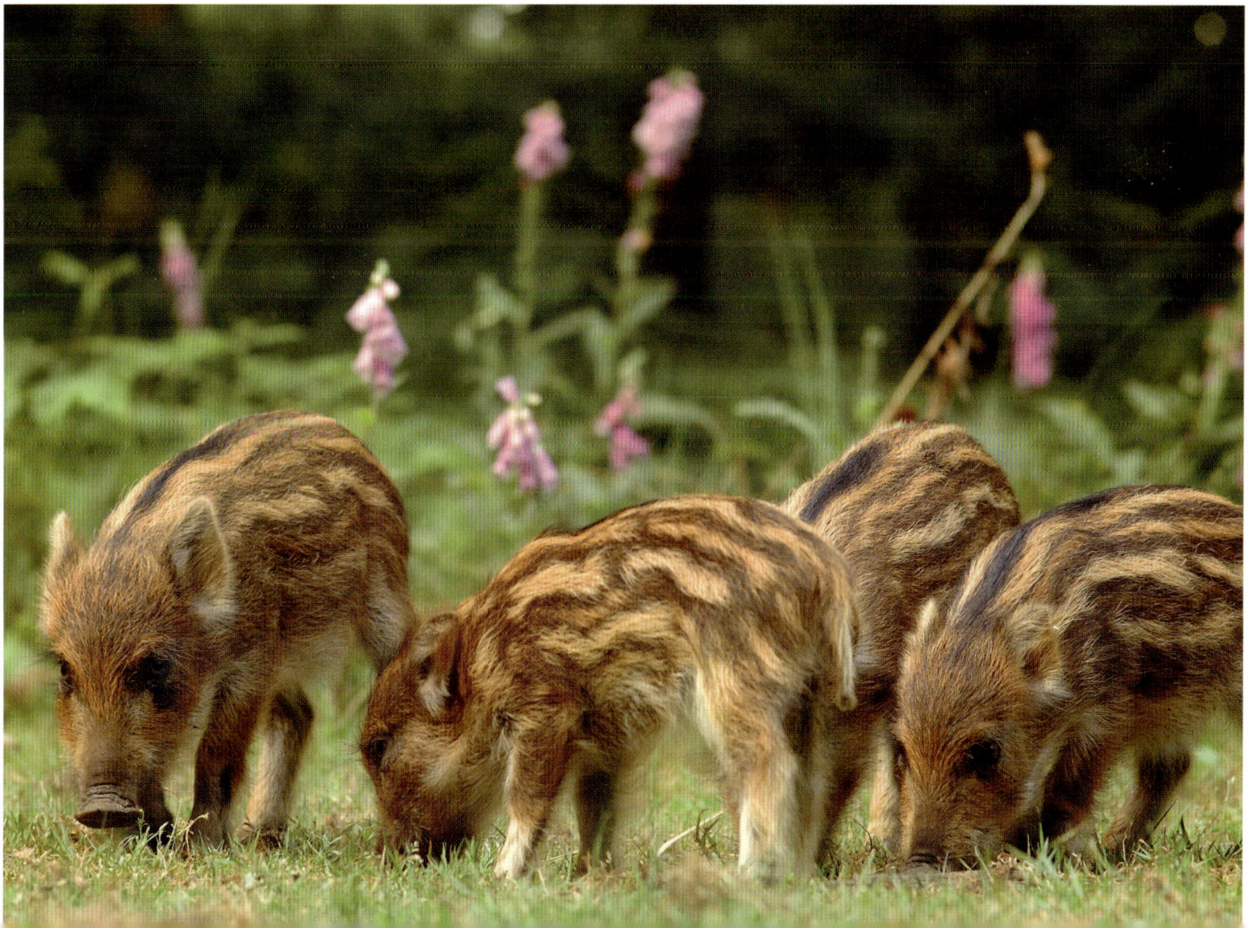

Beschützt wird der Nachwuchs von allen Rottenmitgliedern. Die meisten Frischlinge kommen zwischen März und Mai gestreift zur Welt, nach ungefähr drei Monaten bekommen sie ein einheitlich bräunliches Fell.

Alle Wildschweine haben einen gedrungenen Körper und dunkle – schwarze, graue oder braune – und in Ausnahmen rötlichbraune Borsten. Die Keiler verfügen über lange Hauer. Doch bei allen Übereinstimmungen haben sich bei einem derartig weit gestreuten Vorkommen natürlich auch Besonderheiten entwickelt. Derzeit unterscheidet man 32 Unterarten, wobei der Schädel der Tiere von Westen nach Osten immer kürzer und höher wird und ihre Gesamtgröße von Süden nach Norden tendenziell zunimmt. Auf Inseln lebende Wildschweinarten sind immer etwas kleiner. Beim Gewicht ergibt sich da eine Spannbreite von 70 bis zu ausgesprochen seltenen

Wildschweine sind gute Schwimmer und gehen gern ins Wasser, vorzugsweise allerdings, um sich in einem gediegenen Schlammbad abzukühlen

350 Kilogramm, wobei Bachen deutlich leichter sind als Keiler. Das durchschnittliche Wildschwein in Mitteleuropa misst um einen Meter fünfzig in der Länge und hat eine Schulterhöhe von rund achtzig Zentimetern. Keiler wiegen um die neunzig, Bachen um die sechzig Kilogramm. Wildschweinarten, die im kälteren Norden sesshaft sind, haben eine längere, dichtere Behaarung.

Wenn es dem Wildschwein auf oder unter dem Pelz juckt, sucht es sich einen Baum oder Gestrüpp. Das befreit nicht nur vom Juckreiz, auch Parasiten werden auf diese Weise abgeschubbert

Die 32 Unterarten werden vier Gruppen zugeordnet: Zur ersten Gruppe gehören die eigentlichen Wildschweine, *Sus scrofa scrofa*, die in Europa, Nordafrika sowie West- und Mittelasien heimisch sind, eher lange Beine sowie flache Rippen haben und die Geschlechtsreife relativ spät erlangen. Das Bindenschwein, *Sus scrofa vittatus*, lebt in Indonesien, Japan, China und Ostsibirien, hat eine eher runde Rumpfform und ist frühreif. In Indien ist das *Sus scrofa cristatus* ver-

breitet. Eine Mischform zwischen *Sus scrofa scrofa* und *Sus scrofa vittatus* ist im Mittelmeerraum sesshaft und heißt – passend – *Sus scrofa mediterraneus*.

Nachdem Bestand und Verbreitungsgebiet des Wildschweins sich durch Abholzung und starke Bejagung deutlich verringert hatten, ist es im Laufe des 20. Jahrhunderts fast wieder in seinem gesamten ursprünglichen Verbreitungsgebiet sesshaft geworden, und die Bestände steigen. Das Wildschwein hat in Europa kaum noch natürliche Feinde – wie Tiger, Löwe, Leopard oder Wolf – und dadurch bedingt eine hohe Vermehrungsrate. Neben dem verstärkten Maisanbau haben auch die zumeist milden Winter, die vorwiegend aus Jagdgründen praktizierte Zufütterung sowie manche unbedachte Jagdpraktiken zum weiteren Anstieg des Bestandes beigetragen.

In manchen Gegenden sind Begegnungen mit Wildschweinen häufig geworden: Sie erobern sich immer mehr auch besiedelte Gebiete

In den letzten Jahrzehnten sieht man Wildschweine immer häufiger auch in der Nähe menschlicher Ansiedlungen. Zwar meiden sie Menschen eher, doch bieten ihnen die bestellten Felder und auch die gepflegten Gärten eine willkommene Nahrungsquelle. Durch die wachsende Zahl an Wildschweinen entsteht zudem ein Populationsdruck und die zusammenhängenden Mischwälder sind in vielen Regionen begrenzt. Nicht zuletzt haben die intelligenten Tiere gelernt, dass sie in der Nähe von Wohnsiedlungen nicht bejagt werden, und dieses Wissen wird von Generation zu Generation weitergegeben. Wildschweine können sich über Wochen in noch nicht abgeernteten Maisfeldern versteckt halten. Gern dringen sie auch in Stadtsiedlungen ein. Ersteres verärgert die Bauern, Letzteres bringt die Tiere insgesamt in Misskredit. In Berlin ist das Problem besonders virulent. So wurden schon Wildschweine auf dem Alexanderplatz mitten im Zentrum gesichtet – und erschossen, und das ausgerechnet auf dem Gelände einer Kindertagesstätte.

Das Wühlen mit dem Rüssel, das sich in Ziergärten und auf Nutzflächen so verheerend auswirkt, zeitigt im Wald viele positive Wirkungen: Der Boden wird aufgelockert, die Nährstoffe gelangen in tiefere Erdschichten und Pflanzensamen werden untergegraben, was zu einer Verjüngung des Waldes führt. Zudem fressen Schweine Schädlinge. Der natürliche Dünger unterstützt die schweinischen Maßnahmen.

Wildschweine lassen sich gut domestizieren – diese Erfahrung machten schon die Menschen der Jungsteinzeit. Alle heutigen Hausschweine stammen, das weiß man inzwischen, aus der Gattung *Sus* und dem Artenkreis *Sus scrofa*.

Hausschweine (Sus scrofa domestica)

Die Entwicklung der Rassenzüchtungen ist eng verknüpft mit der sich wandelnden Bedeutung der Landwirtschaft während der letzten beiden Jahrhunderte und der daraus resultierenden Haltungsform von Schweinen. Die Praxis der Eichelmast, bei der Schweine in erster Linie als Weidetiere behandelt wurden, begünstigte die ständige Kreuzung von Haus- und Wildschweinen. Erst 1770 entstand in Eng-

Jedem Haus sein Schwein – Sus scrofa domestica *suhlt sich heute im Spannungsfeld zwischen Hochleistungstier und Familienhaustier in der Zweizimmerwohnung*

Ein wesentliches Unterscheidungsmerkmal der Hausschweine gegenüber den wilden Artgenossen: die Schlappohren

land die erste moderne Schweinerasse, das Leicester-Schwein, dem mit dem Small White und dem Essex-Schwein bald zwei neue Rassen folgen sollten. Die extreme Frühreife und ihr starker Fettansatz sowie ihre geringe Resistenz gegen Infektionskrankheiten veranlassten englische Züchter, das Large White (Yorkshire-Schwein) und das Middle White heranzuziehen, beides Rassen, die um die Mitte des 19. Jahrhunderts in Europa extrem weit verbreitet waren und zur Veredelung der bis dahin üblichen Landrassen dienten. Ihre Vorteile: gute Futteraufnahmefähigkeit und -verwertung, Frühreife und die Eignung als Stallschwein. Die neuen Rassen waren für den steigenden Nahrungsmittelbedarf einer aufkommenden Industriegesellschaft wie geschaffen. In ganz Europa gab es bis zum Ende der 1950er-Jahre einen vielfältigen Rassenmix. Die Multikulti-Gesellschaft der Schweine bestand meist aus Nachzuchten der englischen Rassen, aber auch aus munteren Einkreuzungen mit den regional vorhandenen Landschlägen, darunter auch den bis in die Mitte des 20. Jahrhunderts beliebten Berkshire- und Cornwall-Schweinen.

Erst der Hang zum „Fleischschwein" besiegelte das Ende der Rassenvielfalt. Das Verbraucherverhalten änderte sich, gewünscht waren jetzt Schweine, deren Merkmale sich mit wenigen Schlagworten zusammenfassen lassen: fruchtbar, widerstandsfähig, hohe Aufzucht- und Mastleistung, vor allem hoher Muskelfleischanteil mit wenig Fett. Speckschweine hatten da nur noch geringe Chancen.

Andere Länder, andere Sippen. Wo der Mensch sich neue Lebens-
räume erschließt, bringt er nicht nur seine Sitten, sondern auch seine
domestizierten Tiere mit. In den USA waren Schweine schon seit dem
16. Jahrhundert bekannt, ihr Freiheitsdrang scheint aber genauso
groß wie der der amerikanischen Siedler gewesen zu sein, weshalb ein
Teil davon schnell verwilderte, was bis heute dazu führt, dass es in
ganz Nordamerika keine klare Abgrenzung zwischen Haus- und
Wildschweinen gibt. Auch in Südamerika sind die meisten der dort
lebenden Schweine *Neozoen*, Tiere also, die direkt oder indirekt
durch die Siedlungsfreude des Menschen dorthin verbracht wurden,
sich aber mittlerweile fest etabliert haben, eingebürgerte Migranten
sozusagen. In einigen Ländern wie Australien werden diese Migranten mittlerweile gar nicht mehr gern gesehen, denn auf dem fünften
Kontinent gelten verwilderte Schweine als regelrechte Plage.

*Ein Beispiel für den Mix
zwischen Wild- und
Hausschweinen; diese
Familie stammt aus Peru*

Doch zurück nach Europa, speziell Mitteleuropa, wo die Hausschweine inzwischen eine Population von über 190 Millionen Tieren bilden. Übertroffen wird diese Zahl nur noch von China, wo knapp 500 Millionen Hausschweine, fast die Hälfte des gesamten Weltbestandes, gehalten werden. Betrachten wir im Folgenden die wichtigsten Rassen, die heute als Hausschweine gezüchtet werden.

Die meisten Schweine in europäischen Ställen sind Hybridschweine, das heißt Kreuzungen aus mehreren Rassen. Zu unterscheiden sind hier Mutter- und Vaterlinien. Am häufigsten auf der Mutterseite findet man in deutschen Ställen Sauen der **Deutschen Landrasse.** Man könnte die Rasse fast schon als „Universalschwein" bezeichnen, denn zusammen mit dem Deutschen Edelschwein ist es bei 59 Pro-

Diesen properen Schweinen der Deutschen Landrasse sieht man ihren Hang zum Suhlen im Schlamm definitiv nicht mehr an

So sieht heute beim Hausschwein der gewünschte Standard – jedenfalls der des Lebensmittelhandels –aus

zent aller Schweine in irgendeiner Form als Kreuzungsbestandteil enthalten. Veredelte Landschweine beziehungsweise Landrassen hatten im Jahr 1970 in Deutschland sogar noch einen Anteil von über 90 Prozent am Schweinebestand. Die ersten Züchtungen dieser Rasse gehen auf den Beginn des 20. Jahrhunderts zurück, als man verschiedene deutsche Landschweinrassen, deren hervorstechendsten Merkmal ihre weißen Borsten auf weißer Haut war, mit weißen Stehohr-Schweinen englischen Typs kreuzte. Ab 1911 nannte man die so entstandene Rasse **Veredeltes Deutsches Landschwein.** Durch Einkreuzungen dänischer Schweinerassen wurde Mitte des 20. Jahrhunderts das ehemalige Fettschwein zum Fleischschwein. Bei kaum einer anderen Rasse wurde mehr gezüchtet als bei der Deutschen Landrasse, wobei das Ziel recht eindeutig war: eine Fleischleistung, wie der Verbraucher sie haben will, das heißt mit einem Magerfleischanteil von mehr als fünfzig Prozent. Durch strenge Selektion hat man der Rasse inzwischen auch ihre Kinder- beziehungsweise Ferkelkrankheiten weggezüchtet: Mittlerweile sind es relativ stressstabile Tiere, die allerdings immer noch einen Hang zur Nervosität haben. Für die Robust- oder Freilandhaltung ist diese Rasse eher nicht geeignet, da sie wegen ihrer hellen Pigmentierung schnell zu Sonnenbrand neigt.

Eine ähnliche Herkunft wie die Deutsche Landrasse kann das **Deutsche Edelschwein** aufweisen; es handelt sich hier um eine Verbindung zwischen dem Marschschwein, einer im 19. Jahrhundert noch weit verbreiteten Rasse in Jütland, Holstein und Westfalen, und dem englischen Yorkshire (Large White). Letzterer Kreuzungspartner scheint hier aber seinen britischen Hang zur Steifohrigkeit durchgesetzt zu haben, denn im Gegensatz zur schlappohrigen Landrasse ist das

Wird gern im Stall gesehen: das Deutsche Edelschwein

Edelschwein an seinen Stehohren zu erkennen. Dem Edelschwein wird nachgesagt, nicht ganz so ergiebig zu sein, Feinschmecker schätzen jedoch die gute Fleischqualität. Auch das Edelschwein ist wegen seiner hellen Haut weniger für die Freilandhaltung geeignet.

Bei der **Landrasse B** steht das „B" für Belgien und damit ist die Abstammung evident. Diese Rasse rekrutiert sich aus belgischen Landschweinen, die mit der Rasse Piétrain gekreuzt wurden, um eine höhere Fleischleistung herauszuzüchten. Seit den 1960er-Jahren wurde die Rasse in Deutschland und anderen europäischen Ländern übernommen.

Auch Edelschweine haben nicht verlernt, sich durch ein Wasserbad abzukühlen, wenn man sie denn einmal aus dem Stall in die Freiheit entlässt

Bleiben wir in Belgien. Wer bei den nationalen kulinarischen Genüssen vorwiegend an Schokolade und Pralinen denkt, sollte vielleicht einmal über den Tellerrand beziehungsweise in den Teller hineinschauen, denn das **Piétrain** macht ein Drittel des gesamten belgischen Schweinebestandes aus, in Europa ist sie die am zweitstärksten vertretene Rasse. Dabei handelt es sich um das Resultat einer in der Kulturgeschichte eher seltenen Verbindung: Das Piétrain ist eine Kreuzung zwischen französischen und englischen Tieren, doch hatten wohl auch wildlebende Keiler belgischer Herkunft sowie iberische Rassen ihre Finger beziehungsweise Klauen im Spiel. Seinen Namen erhielt es von dem belgischen Dorf Piétrain im Brabant, wo es anfangs gezüchtet wurde. Bekannt wurde es nicht nur durch seine typische Körperzeichnung mit unregelmäßig verteilten schwarzen oder dunkelbraunen Fle-

Das Piétrain wird gern in der Zucht eingesetzt (rechts zwei Eber). Mithin steckt in vielen Schweinen ein Stück Piétrain. Bei dem Exemplar oben war außerdem ein Duroc beteiligt, was die rötliche Färbung der Borsten erklärt

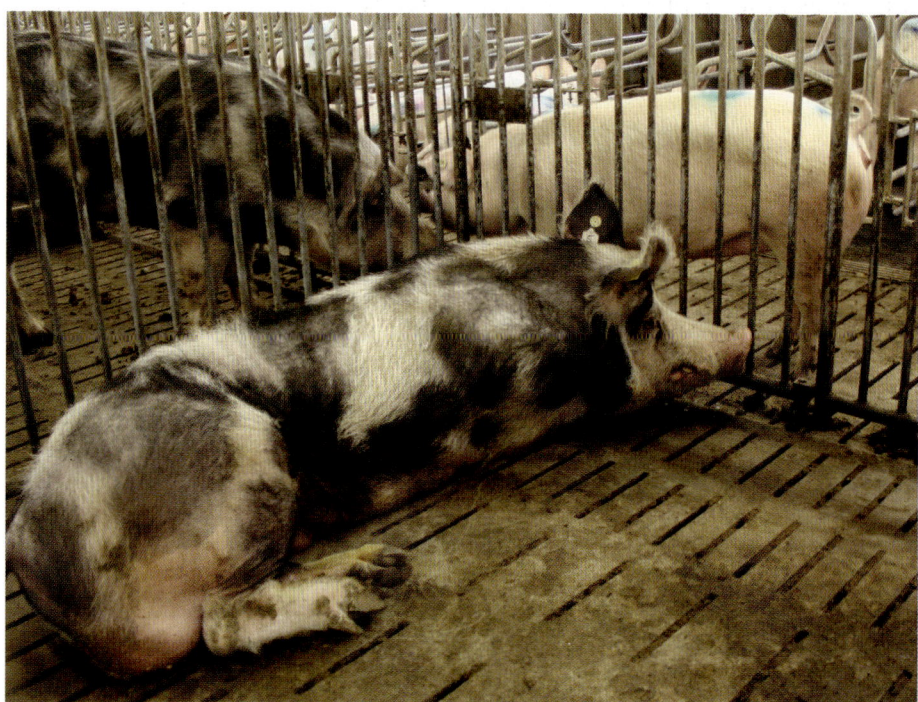

cken, sondern auch durch seine besondere Fleischfülle – was ihm den Beinamen „Schwein mit vier Schinken" einbrachte. Heutzutage werden aber eher die männlichen Exemplare in ihrer Eigenschaft als höchst gefragte Deckeber bevorzugt. Es wäre allerdings eine gewagte Hypothese, dass dies die Ursache dafür ist, dass Piétrains als sehr nervös gelten und mit einer äußerst geringen Stressstabilität ausgestattet sind.

Eigentlich ist es kaum zu glauben, dass in den letzten Jahrzehnten Schweinerassen, die noch bis in die Mitte des 20. Jahrhunderts zum normalen Bild eines Bauernhofs gehörten, heute tatsächlich ausgestorben sind. Dazu gehört beispielsweise das gescheckte **Baldinger Tigerschwein**. Anderen Rassen wäre es sicherlich ähnlich ergangen, hätten sich nicht beherzte Tierfreunde oder engagierte Landwirte gefunden, die nicht nur auf den wirtschaftlichen Nutzwert des Schweins schielen, sondern entweder aus tierschutzrelevanten Aspekten den Erhalt gefährdeter Rassen schützen wollen oder aber im Sinne einer artgerechten und ökologisch einwandfreien Haltung oder auch Mast Rassen wiederentdeckt haben, die sich jahrzehntelang in der jeweiligen Region bewährt haben.

Dazu gehört beispielsweise das **Angler Sattelschwein**. Es ist leicht zu identifizieren, nicht nur, weil sein Kopf etwas eingedellt ist und wegen seiner Schlappohren, sondern wegen der typischen Zeichnung: ein rosa Sattel verläuft über Schultern und Vorderläufe, der aber auch weit nach hinten reichen kann. Ansonsten ist das Schwein rabenschwarz. Den Sattel hat es von seinem Vorfahr, dem englischen Saddleback-Schwein, aus dem es durch Kreuzung mit dem unveredelten bunten Landschweintyp hervorgegangen ist. Angeln gehört aller-

Ein fotogenes Exemplar der Rasse Angler Sattelschwein. Dass es mit seinen Vorderfüßen im Fresstrog steht, stört da nicht weiter

dings nicht zum Freizeithobby dieser Rasse, der Name rührt von der zwischen der Flensburger Förde und der Schlei gelegenen Landschaft Angeln her, wo das Sattelschwein in den 1920er-Jahren zum ersten Mal gezüchtet wurde. Vor dem Ersten Weltkrieg war die Rasse in Schleswig-Holstein weit verbreitet. Es ist ein typisches Speckschwein, sehr fruchtbar, robust, mit einem guten Aufzuchtvermögen ausgestattet und für die Weidehaltung bestens geeignet. In den 1950er-Jahren aber waren derlei Schweine nicht mehr gefragt und so ging sein

Marktanteil ständig zurück. Seit 1991 gibt es eine Arbeitsgemein-schaft der Sattelschweinzüchter, die sich, nachdem einige Tiere aus Ungarn eingeführt worden waren, um den Erhalt und die Verbrei-tung der Rasse bemüht. Besondern in der ökologischen Schweine-zucht ist die Rasse gern gesehen.

Ein ganz ähnliches Schicksal war dem **Schwäbisch-Hällischen Schwein** beschieden, einem Beispiel dafür, dass Globalisierung keine Erfindung des 21. Jahrhunderts ist. Chinesische Maskenschweine waren es, die über die holländische Ostindische Handelskompagnie im 18. Jahrhundert von China nach England importiert wurden. Und kein Geringerer als König Wilhelm I. von Württemberg ordnete 1820 an, eine Anzahl der „Chinesenschweine" in die königliche Domäne nach Stuttgart-Hohenheim zu überführen. Ausschlaggebend waren aber weniger die exotische Herkunft denn die positiven Merkmale für Zucht und Mast. *„Eine solche Sau hat 15–18 bis 20–22 Ferkel oft"* und *„daß es den Boden nicht umwühlt",* wurde wohlwollend im „Landwirtschaftlichen Correspondenzblatt" vermerkt. Die Region um Schwäbisch Hall war fortan das Stammge-biet dieser Schweine, das „Land der Schweine" nannte man sie und zu verdanken war es einzig dieser Schweinerasse. Die hielt sich bis in die Mitte des 19. Jahrhunderts, danach ging die Zucht rapide zurück, 1969 wurde die Zucht-buchführung ganz eingestellt. Dabei gilt das Schwäbisch-Hällische als ausgesprochen milch-reiche, fürsorgliche Muttersau (mit mindestens 14 Zitzen), gutmütig, genügsam und stressresis-

1983 galt es bereits als ausgestorbene Rasse, bis sich beherzte Schweine-freunde wieder dem Schwäbisch-Hällischen zuwandten

*Das Schwäbisch-Häl-
lische Schwein eignet
sich bestens zur Freilandhaltung und ist in der
ökologischen Schweine-
haltung eine beliebte
Rasse*

tent, trotzdem mit hervorragenden Fleischqualitäten. Erst in den 1980er-Jahren setzte die Renaissance ein. Nach der Gründung eines Verbandes zur Förderung dieser Rasse gibt es heute wieder einen Bestand von ca. 2500 Schweinen mit dem typischen Schwarz an Kopf- und Halspartie.

Gäbe es den Landwirt Gerhard Schulte-Bernd aus Isterberg in der Grafschaft Bentheim nicht, das **Bunte Bentheimer Schwein** wäre, wie viel andere Rassen auch, schon längst ausgestorben. In den 1980er-Jahren war er der einzige Bauer, der noch einen Bestand an „Swat-bunten" hielt. Es ist ein sehr robustes und auch leicht zu mästendes Schwein mit hoher Fruchtbarkeit und guten Aufzuchtergebnissen. Gerade wegen dieser Eigenschaften war es nach dem Zweiten Welt-krieg ein gern gesehener Wühler und Suhler auf deutschen Bauern-höfen. Leider aber passte auch dieses Schwein ab den 1950er-Jahren nicht mehr in den gewünschten Idealtypus, denn es hat, wie man sich vornehm ausdrückt, ein ungünstiges Fleisch-Fett-Verhältnis. Was nichts anderes heißt als: zu viel Schwein, zu wenig Schinken. Bauer Schulte-Bernd hielt aber dennoch mit sympathisch emsländischem Dickkopf an der Züchtung seiner Schweine fest. Heute gibt es dank der seit 2003 bundesweit geführten Herdbuchführung über die Mitgliedschaft im Verein zur Erhaltung des Bunten Bentheimer Schweines e. V. wieder eine Perspektive für das stressresistente Tier.

Ein noch junges Exemplar der Rasse Buntes Bentheimer

Ja, das Schreiben und das Lesen / Ist nie mein Fach gewesen / Denn schon von Kindesbeinen / Befasst' ich mich mit Schweinen / [...] Mein idealer Lebenszweck / Ist Borstenvieh, ist Schweinespeck / Ja! Auf das Schweinemästen / Versteh' ich mich am besten / Auf meinem ganzen Lager / Ist auch nicht eines mager / Fünftausend kerngesunde / Hab' ich, hübsch kugelrunde / So weit man suchet fern und nah' / Man keine schön'ren sah.

So beschreibt es der „Zigeunerbaron" Zsupán in der gleichnamigen Oper von Richard Strauß. Da kann es sich nur um **Mangalitsa-Schweine** (man findet die Rasse auch in der Schreibweise Mangalica oder Mangaliza) gehandelt haben. Zwar stammen sie eigentlich aus Serbien, gelten aber als Schwein typisch ungarischer Provenienz. Ob schwarz oder rotblond, allen Mangalitsa-Schweinen ist ihre dichte Behaarung gemein, weshalb man sie auch **Wollschweine** nennt. Das dicke Fell machte sie unempfindlich gegen die heißen ungarischen

So funktioniert Suhlen beim Wollschwein: vorsichtig antesten – von allen Seiten im Schlamm wälzen – sich aus dem Bad erheben – wohlfühlen

Sommer und die kalten Winter. Über fünf Millionen Mangalitsas gab es 1910 in Ungarn. Es waren beliebte Exporttiere in Österreich, Süddeutschland und anderen osteuropäischen Ländern, doch der Erste Weltkrieg reduzierte den Bestand erheblich. Erst zur Zeit des Zweiten Weltkriegs, als man Schmalz und Speck zu schätzen wusste, besann man sich wieder auf dieses klassische Speckschwein. Doch die Beliebtheit war nicht von langer Dauer. Der Bestand verfiel rapide und reduzierte sich auf 600 reinrassige Tiere. Als man 1979 einen Zuchtverband gründete, waren gerade einmal noch achtzig Muttertiere und sieben Eber auffindbar. Der Bestand wird seitdem in den drei Farbvarianten Rot, Blond und Schwalbenbäuchig in ungarischen Genstationen betreut. Das Mangalitsa ist ein extrem robustes Schwein, zwar mit geringer Fleischmenge, dafür aber dickem Bauch- und Rückenspeck. Mangalitsas können problemlos ganzjährig im Freien leben.

Wären Dalmatiner Schweine, sie würden so aussehen wie das **Turopolje-Schwein.** Aber nicht nur das Aussehen, auch die regionale Herkunft ist ähnlich. Die Schweine stammen aus dem kroatisch-serbischen Grenzgebiet und man kann die Rasse bis ins späte 18. Jahrhundert zurückverfolgen, als die hellen örtlichen Siska-Schweine mit wahrscheinlich schwarz pigmentierten englischen Leicester-Schweinen gekreuzt wurden. Das Resultat war ein mittelgroßes Schwein mit einem langen, starken Körper auf kräftigen, kurzen Beinen, dessen helle Grundfarbe mit zahlreichen unregelmäßigen schwarzen Flecken besetzt ist. Das Turopolje-Schwein ist ein äußerst robustes Schwein

Eine Rasse, die mehrfach zwischen die Fronten geriet: zuerst als Speckschwein nicht mehr gefragt, dann zwischen die Demarkationslinien im serbisch-kroatischen Krieg geraten und heute in freier Natur durch Wilderei gefährdet

und eignet sich hervorragend für die Art, wie es gehalten wurde. Jahrhundertelang durchstreifte es die Auenlandschaften, kümmerte sich um sein Futter selbst und wurde nur von Schweinehirten bewacht. Ende des 20. Jahrhunderts aber begann der Niedergang. Was nicht in der kroatischen Salamiproduktion landete, wurde spätestens seit 1990 durch den serbisch-kroatischen Krieg dahingerafft – die Kriegslinien verliefen genau durch das angestammte Habitat der Schweine. Der Nachkriegsbestand lag bei lächerlichen 30 Tieren, die mittlerweile, teilweise im österreichischen Tiergarten Schönbrunn sowie im Zoo von Zagreb, weitergezüchtet werden.

Vor allem bei den Turopolje-Ferkeln ist die schwarzweiße Scheckung deutlich zu erkennen

Wo der Mensch sich ansiedelte, nahm er seine Schweine mit. Und da sich Ersterer in den letzten Jahrhunderten rasend schnell ausbreitete, wundert es nicht, dass auch Hausschweine inzwischen ein internationales Phänomen sind.

Besonders in Andalusien und der Extremadura in Spanien sowie im portugiesischen Alentejo findet man das **Cerdo Ibérico,** volkstümlich auch *pata negra* (schwarze Pfote) genannt, eine Schweinerasse, die überwiegend als Weideschwein in Freilandhaltung lebt. Die fast schwarzen Schweine mit spitzem Rüssel werden in der letzten Phase ihres nur 16-monatigen Lebens zwischen Oktober und Februar in Wäldern aus Kork- und Steineichen mit Eicheln gemästet. In dieser Zeit fressen sie sich rund vierzig Prozent ihres Endgewichts von etwa

Das Iberische Schwein fristet gegenüber seinen Stallkollegen ein vergleichsweise schönes Dasein in Weidehaltung

140 Kilogramm an, bevor aus den Schinken in einem langwierigen Prozess der berühmte *jamón ibérico* hergestellt wird, eine absolute Delikatesse. Fast hätte man dieses kulinarische Highlight heute nicht mehr genießen können, denn in den 1970er-Jahren fiel ein Großteil der Population der afrikanischen Schweinepest zum Opfer. Mittlerweile gibt es in der Extremadura aber wieder einen Bestand von über 100 000 Tieren.

Auch wenn es mittlerweile häufig in europäischen Ställen zu finden ist, stammt das **Duroc** doch ursprünglich aus den Vereinigten Staaten, wo es eine große Verbreitung findet. Sein Ursprung liegt in der Kreuzung von spanischen Schweinen, die irgendwann in Kentucky gelandet waren, und Schweinen aus Guinea. Die Rasse ist in den USA bereits seit 1884 als Standard etabliert. Kennzeichnend sind die einfarbig rostbraunen Borsten, wobei in den USA drei Farbschläge unterschieden werden: das Jersey Red, das Red Duroc in New York und das Red Berkshire in Connecticut. Die Tiere sind ausgesprochen robust, gutmütig, stressresistent und für ihre ausgezeichnete Fleischqualität bekannt.

320 Kilogramm kann ein Eber schwer werden, und die Sau steht ihm mit 280 Kilogramm Gewicht darin nicht viel nach. Vom **Hampshire** ist die Rede, dem in den Vereinigten Staaten häufigsten Hausschwein. 1825 kam es in die USA und stammt, wie der Name schon nahelegt, aus der Grafschaft Hampshire in England. Die dortige Bezeichnung „Wessex Saddleback" weist auf das Aussehen dieser Rasse hin: Kopf und Hals sind ebenso wie die hintere Körperhälfte schwarz, während sich ein hellhäutiger Bereich wie ein Sattel um die Brust legt.

Maskenschweine werden in China schon seit über 400 Jahren gehalten und spielen dort in der kleinbäuerlichen Landwirtschaft noch immer eine gewichtige Rolle. Daneben hatten sie in den folgenden Jahrhunderten aber auch eine Bedeutung bei der Kreuzung mit europäischen Rassen. Ausschlaggebend für das Interesse an Maskenschweinen war die frühe Geschlechtsreife der Sau, die schon nach achtzig Tagen einsetzt. Bis zu 30 Ferkel kann das Maskenschwein in einem Jahr zur Welt bringen, was eine wesentlich höhere Wurf- und Aufzuchtleistung gegenüber europäischen Rassen darstellt. Dabei gilt es zudem als widerstandsfähig gegen Krankheiten und resistent gegen Parasiten. Kennzeichen dieser Rasse, die nach dem Chinesischen auch Meishan-Schwein genannt wird, ist das faltige „zerknautschte" Gesicht mit einem weißen Rüsselfleck.

In China beliebtes Hausschwein, spielt das reinrassige Maskenschwein in der europäischen Landwirtschaft kaum eine Rolle. Hier ist es vor allem in Zoologischen Gärten zu sehen

Hängebauchschweine stammen wie die Maskenschweine aus Südost-asien. In Europa fand die Rasse erstmals Erwähnung, als sie 1866 bei der Eröffnung des Budapester Zoos dem staunenden Publikum vorgestellt wurde. In der Tat ist der Name recht passend, denn im Vergleich zur Körperhöhe sind die Tiere recht lang, dabei aber nur mit kurzen Beinen ausgestattet, sodass der Bauch fast auf dem Boden schleift.

Chinesisches Hänge-bauchschwein

Man unterscheidet die Linien des Chinesischen und des Vietnamesischen Hängebauchschweins, wobei letztere Rasse in ihrem Heimatland in der Landwirtschaft noch heute eine bedeutsame Rolle spielt. Typisch für die kleinwüchsige Rasse ist der kompakte, oft eingedellte Kopf mit Stehohren. Auch wenn Hängebauchschweine eher behäbig wirken, sind sie dennoch sehr aktiv und lebhaft. Ebenfalls täuschend ist die Körperform: Trotz der eher an Speckmassen erinnernden Erscheinung zeigen Hängebauchschweine nur eine geringe Neigung zum Fettansatz.

Die Kleinwüchsigkeit des Vietnamesischen Hängebauchschweins führte Anfang der 1960er-Jahre in Deutschland zu einer neuen Rasse: dem **Göttinger Minischwein.** Die medizinische Wissenschaft hatte mittlerweile physiologische Ähnlichkeiten zwischen Schwein und Mensch sowohl in struktureller als auch funktioneller Hinsicht festgestellt. Wo geforscht wird, braucht man Labortiere, die einfach und unkompliziert zu halten sind und sich durch eine hohe Reproduktion auszeichnen. Die damaligen Rassen aber waren dafür schlichtweg nicht geeignet. Erst die Kreuzung zwischen Minischweinen aus Minnesota und Vietnamesischen Hängebauchschweinen brachte das gewünschte Ergebnis: Das ruhige Temperament der Ersteren bildete mit der Kleinwüchsigkeit und Fruchtbarkeit der Letzteren eine perfekte Kombination. Es entstanden zwei Zuchtlinien, eine rein weiße sowie eine bunte Linie.

Ebenfalls als Labor- und Versuchstiere „entworfen", entstanden noch andere Minischwein-Rassen, so zum Beispiel das **Münchner Miniaturschwein** mit braunem Fell und im Vergleich zu anderen Minischweinen dünneren Borsten.

Im Bild auf der gegenüberliegenden Seite oben ein Chinesisches, unten ein Vietnamesisches Hängebauchschwein, dessen Gene bei fast allen Minischweinen zu finden sind

Minischweine fanden aber nicht nur in den Laboren Freunde und Zuspruch. Sie gelangten sowohl in Tierparks als auch in private Hände. In den letzten Jahren hat sich ein regelrechter Boom entwickelt: Der Trend geht zum Minischwein als Haustier, ein Trend, der durchaus kritisch zu bewerten ist. Seitdem gibt es Kreuzungen mit Schweinen verschiedenster Herkunft, sodass von Rassen im eigentlichen Sinn kaum mehr die Rede sein kann: *Wiesenauer Minischwein, Bergsträßer Knirps, Dellweger Minischwein* – all diese „Minipigs" sind das Ergebnis von Kreuzungen, bei denen ganz unterschiedliche Rassen miteinander gepaart wurden. Die Größe ist unterschiedlich, liegt aber im Durchschnitt um die fünfzig Zentimeter, das Gewicht variiert zwischen vierzig und sechzig Kilogramm, wobei es durchaus Ausnahmen auch innerhalb eines Wurfes geben kann. Den Schweinen ist dies nicht immer zuträglich.

Minischweine bevölkern inzwischen wie ihre „ausgewachsenen" Artgenossen die ganze Welt: hier ein Peruanisches Minischwein

Minischweine im Trend

Max sei die längste Beziehung seines Lebens gewesen, sagte Starschauspieler George Clooney. Max war ein Hängebauchschwein, das 2006 im Alter von 16 Jahren verschied. Was auf den ersten Blick wie die Marotte eines Hollywoodstars aussieht, ist in Amerika keineswegs untypisch. Dort gehören Minischweine schon seit Jahren zur Kategorie Haustier und es verwundert kaum, dass dieser Trend in den letzten Jahren auch in Europa zu beobachten ist. Immerhin: Schweine bellen nicht, fallen keine Briefträger an und strafen den Dosenöffner Mensch auch nicht mit der den Katzen eigenen Arro-

Auch ein Minischwein ist ein Schwein und liebt es, sich zu suhlen

ganz. Genau hier aber liegt das Problem. Minischweine haben ganz andere Bedürfnisse als Hund oder Katze, und in den meisten Fällen werden die Halter den Bedürfnissen nach artgerechter Haltung in keiner Weise gerecht. Wer ein reines Wohnungstier sucht, sollte sich besser ein Meerschweinchen halten. Berufstätige Menschen werden schnell feststellen, dass ihr Minischwein aus Frustration aufgrund nicht vorhandener Sozialkontakte oder Langeweile ganz schnell das Apartment zerlegt. Wer denkt, das Schwein sei ein idealer Abfallbeseitiger, wird feststellen, dass ein Minischwein keine Biomülltonne ist. Auch die Lebenserwartung von rund 15 Jahren wird oft unterschätzt. Merke: Ein Haustier ist kein Spielzeug.

Schweine sind gelehrige Tiere (manchmal gelehriger als ein Hund, wie dieses Bild bestätigt), können sich aber bei zu wenig Aufmerksamkeit auch schnell langweilen

„Jedem Tierchen sein Pläsierchen" ist eine Redensart, die bei der Haltung von Haustieren nur bedingt zutreffen sollte. Eine artgerechte Haltung von Minischweinen ist, was Fütterung, Sozialkontakt, Auslauf, Krankheiten oder Verträglichkeiten mit anderen Tieren angeht, nur in den seltensten Fällen gewährleistet. Es hat den Anschein, als ob viele Besitzer eines Minischweins ihr Haustier weniger aus Tierliebe denn aus einem Hang zur Exaltiertheit anschaffen. Und leider auch ebenso schnell wieder abschaffen, wie die sich häufenden Anzeigen in einschlägigen Publikationen bezeugen. Tierheime jedenfalls müssen sich vermehrt mit Minischweinen beschäftigen, die von ihren Haltern wegen Inkompatibilität abgegeben werden.

Ein Minischwein als reines Wohnungstier zu halten ist sowohl für den Halter als auch vor allem für das Tier eine Quälerei

Die richtige Haltung

oder *Das glückliche Hausschwein*

Während sich das Warzenschwein in Afrika noch immer gegen Löwe oder Leopard erwehren muss, mittel- und südamerikanische Schweine auf der Speisekarte von Jaguar und Puma ganz oben ste-

Zum Leidwesen der Schweine haben Menschen selbige des Öfteren zum Fressen gern

hen, haben unsere mitteleuropäischen Schweine, egal ob Wild- oder Hausschwein, nur noch einen natürlichen Feind: *Homo carnivoris*, den gemeinen fleischfressenden Menschen. Man mag es billigen oder nicht, das Schwein ist nur in den allerseltensten Fällen niedliches Haustier, eine Rolle, die bestenfalls das mit dem Schwein in keiner Weise verwandte Meerschweinchen ausfüllt. Hausschweine werden zum Behufe des Verzehrs aufgezogen, gehalten, gemästet und letztendlich geschlachtet. Der Mensch hat das Schwein eben zum Fressen gern. Dagegen wäre zunächst kaum etwas einzuwenden, denn der Mensch ist nun einmal ein Fleischfresser, und einen Großteil seines Proteinhungers stillt er mit tierischen Produkten, wobei das Schwein in vielen Ländern eine nicht geringe Rolle spielt. Hingegen kaum

Ob und wie viel Fleisch man ist, sollte jedem selbst überlassen bleiben. Übereinstimmung sollte jedoch darüber herrschen, dass Schweine trotz eines bitteren Endes in jedem Fall ein glückliches Leben verdient haben

Der Konsument bestimmt durch einen bewussten Einkauf und die Entscheidung, wie viel Fleisch er isst, mittelbar mit, wie Schweine gehalten werden

nachvollziehbar ist, dass der Mensch das Schwein im Laufe seiner Domestizierung regelrecht zur Sau gemacht hat – ein Zustand, der in den Auswüchsen der Massentierhaltung und fast schon industriell zu nennenden Schweinemastbetriebe endet, wo die Tiere unter mehr als zweifelhaften Bedingungen am Ende auch noch als Tiertransport über weite Entfernungen gekarrt werden.

Natürlich gibt es inzwischen, zumindest EU-weit, gesetzliche Rahmenbedingungen, die in Form von Tierschutz- und Nutztierhaltungsverordnungen dem Schwein ein Minimum nicht nur an Würde, sondern auch an Besatzdichten, Fütterung und artgerechter Haltung erhalten. Dies aber kann nicht darüber hinwegtäuschen, dass bei etwa einer Milliarde Schweinen, die aktuell weltweit in der Produktionskette der Schweinemast oft mehr recht als schlecht leben, das Tier – man muss es leider so sagen – zumeist lediglich als Material gilt.

Unter diesem Aspekt erscheint ein Blick darauf interessant, wie Schweine in West- und Mitteleuropa bis zum Beginn der Industrialisierung im 19. Jahrhundert gehalten wurden. Erstaunlicherweise nämlich hatte sich an der sogenannten Waldweide schon seit antiken Zeiten nur wenig geändert. In den Werken Homers beispielsweise finden sich zahlreiche Hinweise auf die Schweinehaltung; er berichtet von Herden von über 1000 Tieren und verarbeitete seine „Schweine-Erfahrung" schließlich auch in der *Odyssee,* in der Odysseus mit seinem Schiff zur Insel Aiaia gelangt, wo die Zauberin Circe einige seiner Gefährten in Schweine verwandelt. Auch römische Autoren berichten von der Schweinehaltung in den römischen Provinzen wie Gallien und Norditalien. Die Schweine wurden hier als Weidetiere im Freien, meist in Waldgebieten, gehalten und von Schweinehirten beaufsichtigt, teilweise unter Zuhilfenahme von Hütehunden. Diese Art der Haltung war bis ins Mittelalter der Normalfall. Quellen berichten, dass im Solling, einem Mittelgebirge des Weserberglandes, im 16. Jahrhundert bis zu 15 000 Schweine auf diese Art und Weise gehalten wurden. Im Reinhardswald, einem etwa 200 Quadratkilometer großen Gebiet in Nordhessen (in dem übrigens auch viele der grimmschen Märchen angesiedelt sind), sollen es gar bis zu 200 000 Tiere gewesen sein. Während heute ein Wald vornehmlich danach bewertet wird, wie viel Holzvorräte er liefert, war es seinerzeit die Anzahl der Schweine, die er aufnehmen konnte. Man muss sich hierbei allerdings vor Augen führen, dass die Wälder zu jener Zeit anders aussahen als heute – es waren weniger Kulturwälder mit Nadelholz-, also Tannen- und Kiefernbestand, sondern Laubmischwälder mit einer großen Dichte an Buchen und

Den wenigsten Schweinen ist eine artgerechte Haltung vergönnt. Zu den Ausnahmen gehören die Schwarzfußschweine Porc Noir de Bigorre im Grenzgebiet der Pyrenäen, die in Weidemast gehalten werden

Ähnlich wie die Porc
Noir de Bigorre
vergnügen sich die
spanischen und
portugiesischen Cerdos
Ibéricos in Freiland-
haltung

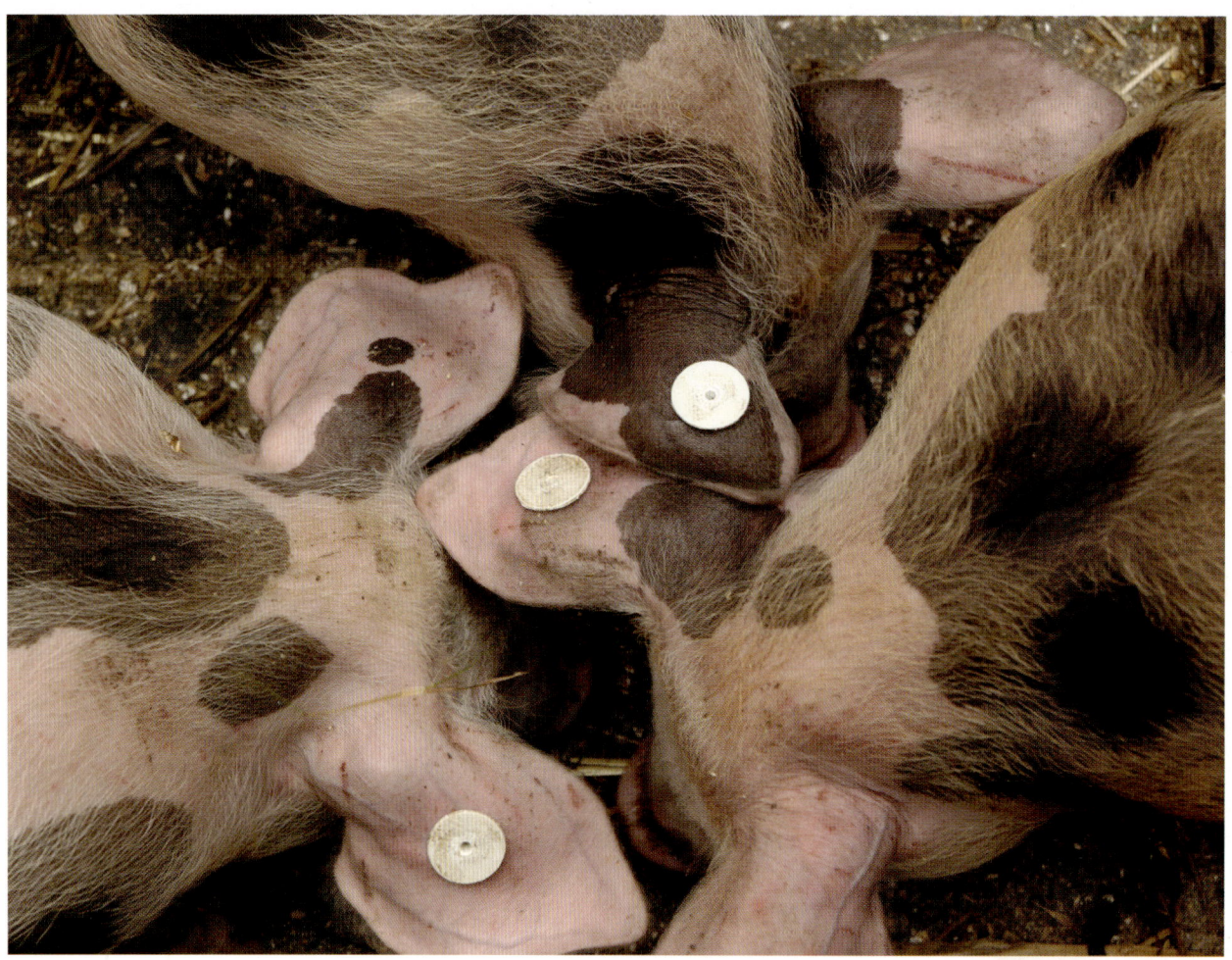

Schweine verbringen einen Großteil ihrer Zeit mit der Futtersuche und suchen sich ihr Futter gern selbst

Eichen. Für die Schweinemast waren derartige Gebiete prädestiniert, man nannte sie auch Hutewälder, in denen die Schweine unter der sogenannten Eichelmast beachtlich an Gewicht, Speck und Fleisch zunahmen, ohne dass ein aufwändiges äußeres Zutun notwendig gewesen wäre. Dass große Schweineherden derartige Wälder regelrecht verwüsteten, muss hier nicht gesondert erwähnt werden. Zahlreiche mittelalterliche Quellen belegen, wie derartige Verstöße oder Schädigungen zu behandeln waren.

Der Rückgang dieser Waldweide wurde durch den Dreißigjährigen Krieg eingeleitet. Nicht nur, dass sich der Bestand in den kriegsteilnehmenden Ländern auf etwa ein Fünftel der Schweine reduzierte – marodierende Soldaten mögen nun einmal gern ein gebratenes Spanferkel –, vielmehr ging in der Folgezeit durch Waldrodungen der Platz für die Waldweide immer mehr zurück, im Übrigen spielte Holz als Energieträger eine zunehmende Rolle. Schweineherden und ihre Halter wurden verdrängt, entweder in die sumpfigen Feuchtgebiete der Auenwälder oder sie kamen zur „Nachernte" auf die bäuerlichen Stoppelfelder. Das Ende der Waldweide war gegen Ende des 19. Jahrhunderts besiegelt. Die letzten Berichte findet man in Deutschland aus der Gegend von Bad Bentheim und aus den belgischen Ardennen. Außer einigen Gebieten in Spanien, Korsika und Teilen des Balkans kommt die Waldmast heute praktisch nicht mehr vor.

Wer mag seine Tage schon gern auf allerengstem Raum verbringen? Das stresst nicht nur Schweine

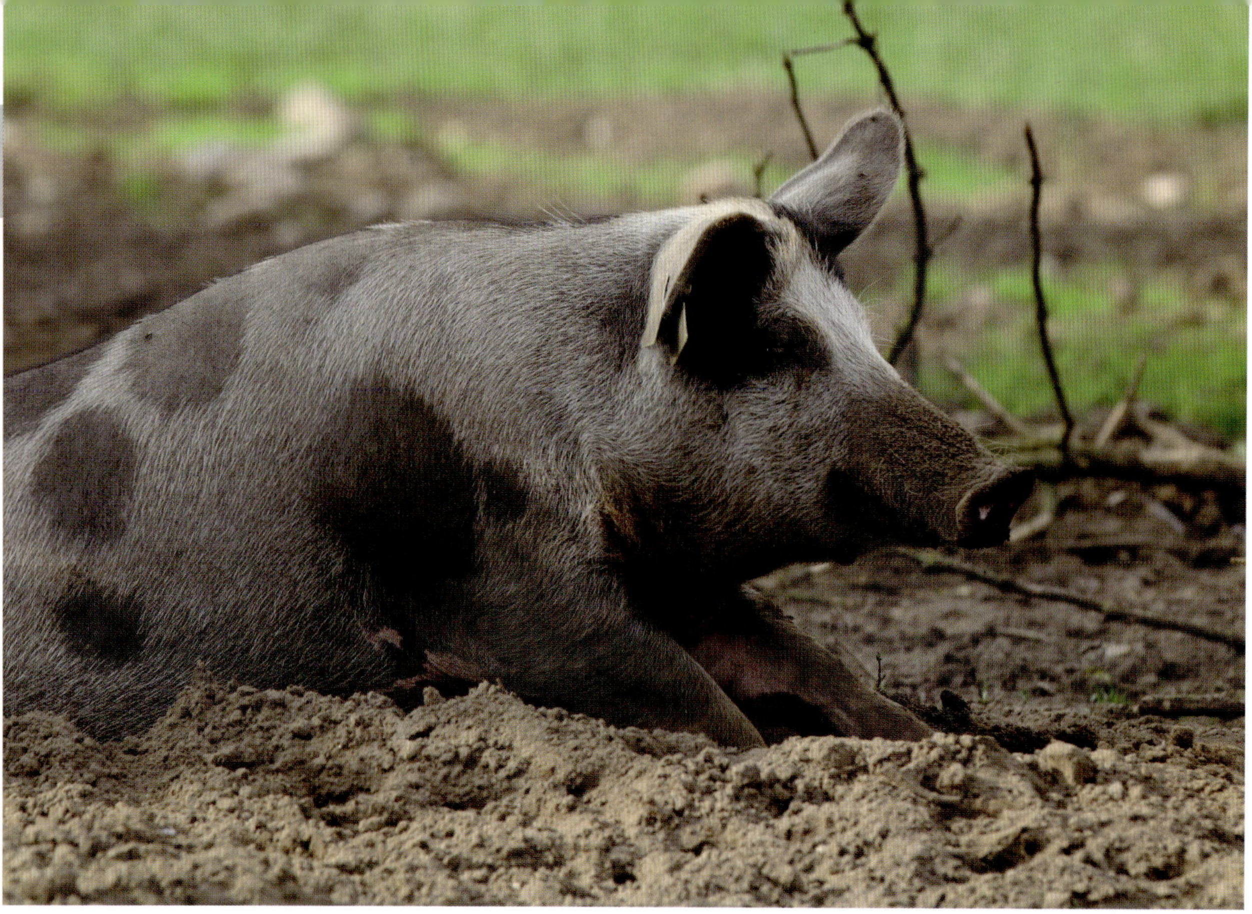

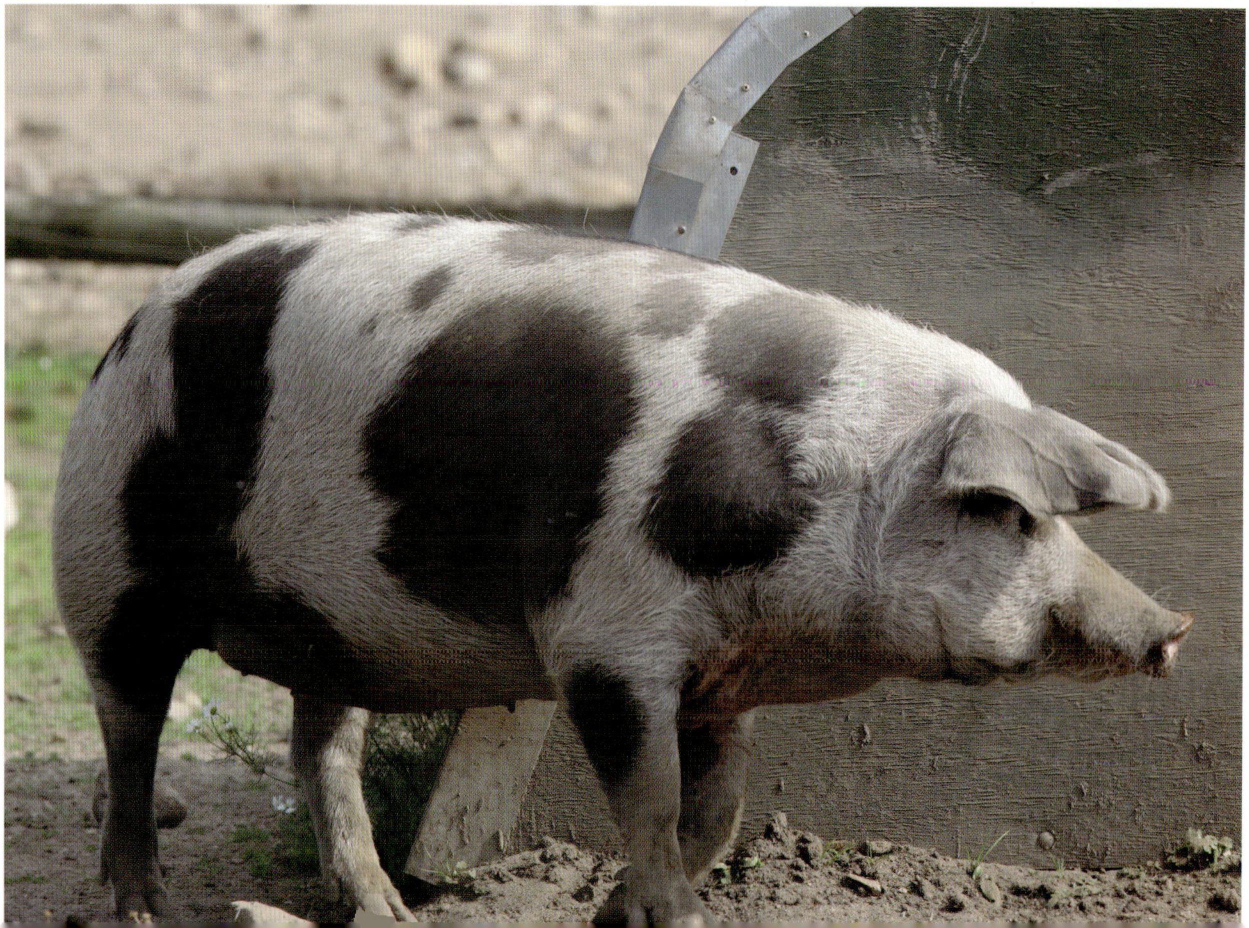

Nicht nur, dass damit eine ökologisch durchaus sinnvolle und auch tiergerechte Haltung aufgegeben wurde, es verschwanden im gleichen Zuge auch Schweinerassen, die aufgrund ihrer robusten Konstitution für die Weidehaltung bestens angepasst gewesen waren.

Auch wenn heute im Zuge von Renaturierungsbemühungen beispielsweise in den Save-Auen in Kroatien oder in den brandenburgischen Elbtalauen frühere Haltungsmethoden wiedereingeführt werden, muss festgestellt werden, dass eine derartige Form von Freilandhaltung die Ausnahme bleibt und wohl auch bleiben muss, denn durch die zunehmende Versiegelung der mitteleuropäischen Landschaft stehen derartige Hutewälder schlichtweg nicht mehr zur Verfügung.

Das Entstehen der Industriegesellschaften in Mitteleuropa brachte auch für die Ernährungsgewohnheiten einschneidende Veränderungen. Die bis dahin übliche Form der Selbstversorgung wurde – zumindest in den Metropolen – dem steigenden Bedarf an energiereicher Kost nicht mehr gerecht; auch die Tierhaltung wurde industrialisiert, man denke nur an die bekannten Bilder der riesigen Schlachthöfe von Chicago Anfang des 20. Jahrhunderts. Der Mensch distanzierte sich von seiner Ernährungsgrundlage, die Entwicklung von einer agrarischen Lebensform hin zu einer arbeitsteiligen Industriegesellschaft bedingte, dass das Tier als Nahrungsmittel in Form des vakuumverpackten Schnitzels gern angenommen wurde. Für die tierische Idylle gab es ja noch Hund und Katze als Haustier, das Schwein jedenfalls hatte weniger Schwein. Im Normalfall landete es als Fleischlieferant im Massenstall, wo sein Lebensweg in erster Linie durch das Erreichen des Schlachtgewichts beendet war. Tatsächlich

Wo plötzlich ein neues „Nutztiermodell" gefragt ist, haben alte angestammte Rassen kaum eine Chance. Seit den 1950er-Jahren bedeutete der Trend zum „Fleischschwein" für viele Rassen das faktische Aus. Dazu gehörten auch das schwedische Linderöd-Schwein (oben) und das dänische Sortbroget-Schwein (unten), die man heutzutage nur noch höchst selten antreffen kann

wird die Nachfrage nach billigem, fettarmem Schweinefleisch heute uneingeschränkt gestillt – allerdings auf Kosten der Tiere. Kreislaufschwäche, Muskel- oder Gelenkerkrankungen sind die Schattenseiten der Massenhaltung hochspezialisierter Rassen. Indessen geht es im modernen Saustall alles andere als unhygienisch oder gar unkontrolliert zu. Aber eben auch nicht besonders schweinegerecht.

Der Liegebereich für eine Sau ist idealerweise eine eingestreute Kiste oder ein Kessel mit einer blickdichten Abtrennung

Dabei gibt es durchaus Haltungsformen, die das Schwein als das annehmen, was es ist: ein hoch entwickeltes und sensibles Säugetier mit einem ausgeprägten Sozialverhalten, das es verdient, auch ange-

sichts aller ökonomischen Zielsetzungen als Schutzbefohlener des Menschen betrachtet zu werden. So werden in der ökologischen Schweinemast artspezifische Verhaltensweisen berücksichtigt, die in der konventionellen Schweinemast aufgrund von Rationalitätsgesichtspunkten kaum gewürdigt werden können.

Dazu zählt beispielsweise die Haltung in Gruppen. Schweine haben nun einmal ein ausgeprägtes Sozialverhalten und sind Gruppentiere.

Bei der Freilandhaltung leben Schweine ganzjährig auf unbefestigtem Boden, wobei Hütten Schutz vor Regen, Schnee oder Kälte bieten

Dieses Verhalten haben Hausschweine von ihren Vorfahren, den Wildschweinen, übernommen. Egal ob in Freiland- oder Stallhaltung: Schweine sollten in Gruppen gehalten werden, wobei die Größe dieser Gruppe nicht eindeutig festgelegt werden kann, denn Sauen regeln die soziale Rangfolge innerhalb der Gruppe durch aggressive Interaktion. Dabei muss gewährleistet sein, dass unterlegene Tiere fliehen können. Bei großen Gruppen nehmen diese Aggressionen ab, weil sich die Sauen untereinander nicht kennen.

Schweine sind – wie Menschen auch – sehr stressanfällig. Eine zu hohe Besatzdichte im Stall beispielsweise äußert sich häufig in der

Nur in Gruppenhaltung können Schweine – egal welchen Alters – sozial interagieren, was auch möglichen späteren Verhaltensabnormitäten vorbeugt

Verhaltensstörung des Schwanzbeißens, bei dem die Tiere an den Schwanzspitzen der Artgenossen knabbern. Erhebliche Verletzungen sind die Folge.

Dem Schwein wird nach EU-Richtlinien ein gesetzlich zugesicherter Platzbedarf zugestanden, der sich nach dem Gewicht des Tieres richtet beziehungsweise ob es sich um ein Ferkel, eine Jungsau, ein Zucht- oder ein Mastschwein handelt. Tiere über 110 Kilogramm beispielsweise haben ein Anrecht auf einen Quadratmeter. Man stelle sich einen 110 Kilogramm schweren Menschen vor, der auf einem Quadratmeter leben, schlafen, seine Notdurft verrichten und sich

Sauwohlgefühl im Stall

Für die Siesta braucht das Schwein zwei Dinge: einen Artgenossen und ausreichend Platz

dabei noch wohlfühlen soll. Man mag einwenden: Hennen in einer Legebatterie haben vergleichsweise mehr Platz. Die Henne mag mit Fug und Recht sagen, dass dies kein Schwein interessiert. Apropos Schlafgewohnheiten: Schweine sind nun einmal Schlafmützen. Die Dauer der Gesamttagesruhephase liegt zwischen 13 und 16 Stunden. Schweine ruhen nur selten allein – wie nahe sie beieinanderliegen, hängt von der Umgebungstemperatur und dem Körpergewicht ab. In der Intensivhaltung wird diesem Verhalten nur in den seltensten Fällen Rechnung getragen.

Schweine gelten im Allgemeinen als unreine Tiere. In Judentum und Islam wird das Schweinefleischtabu unter anderem damit begründet, dass Schweine sich mit Vorliebe im Dreck wälzen und ihren eigenen Kot fressen. Wissenschaftlich bewiesen ist hingegen inzwischen, dass Schweine eine starke Geruchs- und Berührungsabneigung gegen ihre eigenen beziehungsweise arteigene Exkremente haben, die sogar genetisch fixiert ist. Bei der konventionellen Schweinemast wird meist ein Vollspaltenboden aus Beton benutzt, bei dem die Schweine mit ihrem eigenen Körper den Kot durch die Spalten in einen Gülle-

Ein genüssliches Schlammbad legt nicht automatisch nahe, dass das Schwein generell ein Dreckfink ist – im Gegenteil: Schweine sind sehr saubere Tiere und vermeiden es, mit ihren Körperausscheidungen in Kontakt zu kommen

Auffang drücken. Das mag aus hygienischen Gründen angemessen erscheinen, dem Schwein dürfte es ein Graus sein.

Ein Betonboden verwehrt den Schweinen darüber hinaus das ihnen angeborene Wühlen. Böden mit Stroh oder anderem Einstreu sind wesentlich artgerechter, fordern aber auch einen häufigen Wechsel der Einstreu. Das angeborene Verhalten einer Muttersau, vor dem Abferkeln ein Nest zu bauen, ist bei der konventionellen Haltung praktisch unmöglich. Im Übrigen: Schweine brauchen – wie Menschen auch – Bewegung. Bei der konventionellen Haltung sind Beinschäden, die auf untrainierte Muskeln und Gelenke zurückzuführen sind, an der Tagesordnung.

Schweine verbringen normalerweise einen großen Teil ihrer Zeit mit der Futtersuche und ernähren sich dabei ausgesprochen vielfältig. Neben Pflanzen, Baumsamen, Wurzeln und Knochen zählen auch fleischliche Genüsse wie Insekten, Würmer, Frösche oder Aas zu ihrem Nahrungsangebot. Darauf wird in der konventionellen Schweinemast kaum Rücksicht genommen. Mastschweine und Sauen werden heute in der Regel mithilfe von Breifutterautomaten und Abfütterungsanlagen versorgt. Dass Schweinemastbetriebe hier und da ihren Tieren nicht immer ganz erlaubte Futtermittel zwecks üppiger Kotelett-Vermehrung verabreicht haben, darüber geben zahlreiche Skandale in der Vergangenheit Aufschluss. Unabhängig davon, ob ein Schwein nun einmal Feinschmecker ist oder nicht: Artgerecht ist eine solche Form der Fütterung nicht, denn wenn man sich vor Augen hält, dass Schweine im Normalfall etwa siebzig Prozent ihrer gesamten Aktivitätszeit mit der Futtersuche verbringen, dann mag man daran zweifeln, ob ein „gedeckter Tisch" beziehungsweise ein vollauto-

matisierter Futtertrog dem Schwein tatsächlich so viel Freude macht. Viele Verhaltensstörungen lassen sich darauf zurückführen, dass Schweinen im Normalfall die Nahrungssuche verwehrt bleibt.

Abschließend lässt sich sagen: Wenn ein Tier nicht nur ein Tier, sondern gleichzeitig Fleischlieferant Nummer eins ist, treten Fragen der artgerechten Haltung schnell in den Hintergrund. Schließlich ist auch das Kriterium wichtig, wie viel der Konsument bereit ist, für sein geliebtes Schnitzel oder Kotelett zu bezahlen. Wer allerdings schon einmal das Fleisch von artgerecht gehaltenen Schweinen verkostet

Gegessen wird, was in den Trog kommt – dabei ist die Futtersuche auf eigene Faust viel aufregender!

Ökologische Schweinehaltung

Das Schwein ist in Europa und Ostasien Fleischlieferant Nummer eins. Der Pro-Kopf-Verbrauch in Deutschland liegt jährlich bei ca. vierzig Kilogramm. Bei diesen Mengen sollte es dem Konsumenten eigentlich nicht egal sein, wo sein geliebtes Kotelett herkommt und unter welchen Umständen es an die Fleischtheke gelangt. Der Trend geht, das lässt sich erfreulicherweise feststellen, weg von den Niedrigpreis-Superlativen hin zu qualitativ hochwertigem Fleisch. Und dass Fleisch von „glücklichen Schweinen" eine höhere Qualität hat, lässt sich an verschiedenen Kriterien nachweislich belegen. Stressfaktoren wie hohe Besatzdichte, kleine Buchten, Transport, Verladung oder die Begleitumstände bei der Schlachtung, die bei der konventionellen Schweinemast unumgängliche Bestandteile einer

Bei der ökologischen Tierhaltung stehen die Gesundheit des Tieres und eine artgerechte Haltung im Vordergrund

Produktionskette sind, führen dazu, dass die Tiere vermehrt Enzyme und Stoffwechselprodukte ausscheiden, die zu dem sogenannten PSE-Fleisch führen. Die Abkürzung spricht Bände: *pale, soft, exudative,* und was sich in den englischen Begriffen noch vergleichsweise harmlos darstellt, kommt im Deutschen eher unangenehm über beziehungsweise auf die Zunge: blass, weich und wässrig. Jede Köchin oder jeder Koch kennt das Phänomen, wenn das Bratenstück nur noch die Hälfte seiner ursprünglichen Größe hat, nachdem es aus der Pfanne kommt. Verantwortlich dafür ist unter anderem der niedrige pH-Wert, der bewirkt, dass sich das Fleischstück beim Braten zusammenzieht und der Fleischsaft aus dem Fleisch austritt. Ergebnis: Das Fleisch wird zäh und trocken. In der ökologischen Schweinemast wird diesen Phänomenen schon weit im Vorfeld begegnet. Die Tiere werden anders, sprich artgerechter gehalten: großzügigere Haltungsformen, größere Ställe, Futter ohne antibiotische Leistungsförderer, artgerechtes Aufzuchtmanagement. Dass diese Haltungsform ihren Preis hat, liegt auf der Hand. Die Kosten für ein Kilogramm Körpergewicht liegen bei der konventionellen Schweinemast bei ca. einem Euro, während der Öko-Landwirt dafür bis zu zwei Euro fünfzig aufwenden muss. Folgerichtig ist Schweinefleisch aus ökologischer Mast etwa doppelt so teuer wie jenes aus konventioneller Haltung. Insgesamt liegt der Marktanteil für Bio-Schweinefleisch in Deutschland bei ca. einem Prozent und ist damit ein Nischengeschäft. Im Zuge eines anspruchsvolleren Verbraucherverhaltens wäre ein höherer Marktanteil nicht nur wünschenswert, sondern im Sinne der Schweine auch dringend erforderlich.

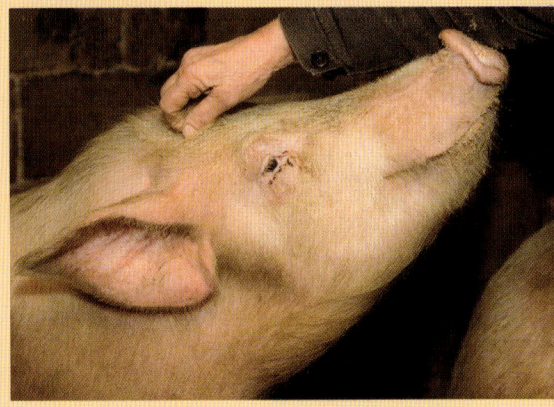

Tierhaltung beinhaltet immer auch eine ethische Komponente, umso mehr, wenn es sich nicht nur um reine Haus-, sondern darüber hinaus um Nutztiere handelt

„Hunde blicken zu uns auf, Katzen schauen auf uns herab und Schweine behandeln uns als Gleichgesinnte." (Winston Churchill) – Ob das Schwein das Gleiche vom Menschen behaupten würde, mag dahingestellt sein

hat, wird auch ohne kulinarische Grundkenntnisse feststellen, dass glückliche Schweine schlichtweg schmackhafteres Fleisch liefern. Ein Aspekt, den man beim nächsten Einkauf berücksichtigen sollte, denn eine besondere Qualität ist nun einmal mit einem Mehraufwand verbunden, der für den Verbraucher aber – auch unter ethischen Gesichtspunkten – einen Mehrwert darstellt.

Das Schwein in der Kunst

oder Überzeichnete Schweinereien

Das Schwein spielt – um es vorwegzunehmen – in der Kunst nur eine untergeordnete Rolle. Helden erobern feindliches Gebiet hoch zu Ross, Prinzessinnen reiten bestenfalls auf Einhörnern. Schweine passen da als Beiwerk nur bedingt. Und doch gibt es sie, die Schweine in der Kunst.

Bleiben wir erst einmal beim Figürlichen. Da kann das Schwein auftrumpfen, ist es doch als eines der ersten Tiere zum künstlerischen Motiv avanciert: Felsmalereien von Wildschweinen finden sich in den 15 000 v. Chr. entstandenen Höhlenmalereien im spanischen Altamira und im französischen Lascaux, auch wenn als Motiv vorrangig Rinder und Ochsen gezeigt werden. Hervorzuheben ist, dass die Jäger nicht nur ihr Jagdmotiv abzeichneten, sondern ihre Jagdopfer damit gleichzeitig kultisch überhöhten. Diese Interpretation setzt sich fort in den schriftlichen Überlieferungen von Sagen und Mythen. Die germanische Göttin Freya, Göttin der Liebe und der weiblichen Sexualität, trug den Beinamen *Syr* (Sau), Sinnbild für die den Schweinen eigene Fruchtbarkeit. Auch in der keltischen Mythologie ist die Schweinegottin Ceridwen überliefert. Im antiken Griechenland war das Schwein Begleiter der Göttin Demeter, die ihre Fortführung in der römischen Göttin Ceres, der Göttin der Landwirtschaft, fand.

Statue der Ceres, 1. Jahrhundert n. Chr.

Was dem Weiblichen als Fruchtbarkeitssymbol recht, ist dem Männlichen als Symbol für Stärke billig. Der Eber wird verherrlicht als Sinnbild für Kühnheit, Angriffslust und Kampfesmut. Viele Sagen ranken sich in der griechischen Mythologie um den Eber, vor allem Jagden werden beschrieben wie die auf den kalydonischen oder die auf den erymanthischen Eber, beide Nachkommen der gewaltigen

Weihrelief mit Herakles, der den erymanthischen Eber auf dem Rücken trägt

Sau Phaia. Kein Geringerer als Herakles wurde damit betraut, Letzteren zu fangen und lebendig nach Mykene zu bringen, um dem Wüten des Untiers ein Ende zu bereiten.

Eingang in die Kunst des Mittelalters fand das Schwein in erster Linie aufgrund der christlichen Ikonografie. Mit ausschlaggebend dafür war die Legende vom heiligen Antonius (* ca. 250 n. Chr.), der als Begründer des christlichen Mönchtums gilt. Das dem Heiligen in Darstellungen beigesellte Schwein wurde im Volksglauben als Sinnbild teuflischer Versuchung interpretiert, tatsächlich geht die Symbolik aber auf den gegen Ende des 11. Jahrhunderts gegründeten Antoniterorden zurück. Weil sich die frommen Ordensleute der Krankenpflege widmeten, stand ihnen das Privileg zu, ihre Schweine frei weiden zu lassen. Auf dieser Tatsache beruht auch die Tradition des „Antoniusschweins", das in der Kirche seinen Stall hatte, jeweils am 23. Dezember gesegnet, geschlachtet und an die Armen verteilt wurde. Konsequenterweise wird der heilige Antonius heute als Schutzpatron der Haustiere, Schweine, Metzger und Schweinehirten verehrt.

Auch Albrecht Dürer widmete sich neben Hasen, Nashörnern, Löwen und Walrössern dem Schwein, unter anderem in dem Kupferstich „Der verlorene Sohn". Weitere Künstler wie Pieter Brueghel, Lucas Cranach, Hieronymus Bosch folgten, doch in den Mittelpunkt der Malerei sollte das Schwein nie gelangen.

Das Schwein als Motiv in der Literatur taucht erst spät auf. Zwar spielte es in den Fabeln des Äsop schon eine Rolle, ebenso in Tierfabeln des Mittelalters, sein spektakulärster Auftritt aber fällt ins 20. Jahrhundert, wenn auch mit eher negativem Beigeschmack. George Orwells *Animal Farm (Farm der Tiere)*, geschrieben als Satire auf den Stalinismus und Lehrstück gegen jegliche Form des Totalitarismus, rückte erstmals Schweine in den Mittelpunkt. Mit einer Revolution vertreiben die Tiere den tyrannischen Farmer Jones und nehmen ihr Schicksal in die eigene Hand – unter Federführung der Schweine natürlich, denn die gelten als die klügsten Tiere. Aus der „Herren-Farm" wird die „Farm der Tiere", auf der alle Tiere solidarisch handeln und gleichberechtigt sind. Doch schon bald übernimmt das Chefschwein Napoleon die Kontrolle und ändert die Grundregeln des „Animalismus". Aus der Regel „Alle Tiere sind gleich" wird „Alle Tiere sind gleich, aber einige Tiere sind gleicher". Wenn am Ende Mensch und Schwein zusammen feiern, ist zwischen alten und neuen Unterdrückern kein Unterschied mehr zu erkennen.

Mit *Animal Farm* begann sozusagen die Vermenschlichung des Schweins. Ausschlaggebend dafür – und sicher hat Orwell die Rolle des Ausbeuters und Unterdrückers nicht ohne Überlegung den Schweinen zugeordnet – war die Ähnlichkeit zwischen Schwein und Mensch, die immer auch Zeichner und Karikaturisten bewogen hat, das Schwein als gefundenes Fressen für menschliche Darstellungsweisen zu benutzen. Seitdem gehen Schweine bevorzugt auf zwei Beinen. Schweine lassen sich eben gut stilisieren, ihr Verhalten ist oft allzu menschlich, eine Tatsache die auch in den bereits erwähnten Redewendungen und Sprichwörtern ihren Nachhall findet.

Gern ist das Schwein deswegen bevorzugtes Objekt in Comics und Cartoons. Einer der bekanntesten Vertreter dieses Genres ist Schweinchen Dick (Porky Pig), erdacht von dem Zeichner Bob Clampett und dem Regisseur Friz Freleng in den 1930er-Jahren und später Held in unzähligen Cartoons der *Looney-Tunes*-Serie von Warner

David d. J. (1610–1690):
Die Versuchung des
Heiligen Antonius

Brothers. Eine würdige Nachfolgerin des eher unbedarften und sanftmütigen Schweins war Miss Piggy, einer der Stars aus Jim Hensons TV-Serie *The Muppet Show*. Blondes wallendes Haar, ein ausgeprägtes Ego und die unerfüllte Liebe zu Kermit, dem Frosch, zeichnen die Figur aus. Als drittes Beispiel in dieser Reihe mag Frau Wutz gelten, zwangsneurotischer Putzteufel und Ziehmutter von Urmel aus Max Kruses *Urmel aus dem Eis* (Augsburger Puppenkiste).

Die Typisierung des Schweins wird ähnlich cartoonhaft gern in der Werbung benutzt. Besonders der Rüssel bietet sich an, ihn in Analogie zur Steckdose als Werbeträger für billige Stromtarife „zu saugünstigen" Gebühren zu nutzen. Man hat auch schon Werbe-Schweine gesehen, die anstatt der Rüssel- eine Wählscheibe hatten, um für günstige Telefontarife zu werben.

Pikanterweise werden lächelnde Schweine besonders häufig in der Werbung von Metzgereien benutzt – als würde es ihnen Spaß machen, verwurstet zu werden. Vielleicht soll dem Verbraucher so sein schlechtes Gewissen genommen werden, ein Tier, das ein eigentlich einnehmendes Wesen hat, als Schnitzel auf seinem Teller wiederzufinden. Ein Schwein würde darauf wahrscheinlich erwidern: „Nur die dümmsten Kälber wählen ihre Metzger selber."

Niedlichkeit ist Schweinen, zumal Ferkeln, die dem Kindchenschema entsprechen, nicht abzusprechen. Diesen Faktor haben sich auch diverse Filme zunutze gemacht, so zum Beispiel *Rennschwein Rudi Rüssel*, der auf der Basis des 1989 erschienenen Buches des Kinderbuchautors Peter Timm im Jahr 1994 in die Kinos kam. Erzählt wird die Geschichte des Ferkels Rudi, das – klassisch – als erster Preis der Feuerwehrfest-Verlosung die Familie des arbeitslosen Ägyptologen

Heinrich Gützkow aufmischt. Unbestrittener Star unter den Film-schweinen aber ist „Babe", erstmals auf der Leinwand in dem 1995 gedrehten Film *Ein Schweinchen namens Babe* unter der Regie von George Noonan. Es soll an dieser Stelle nichts über die Handlung des Films verraten werden, Schweinefreunde werden ihn ohnehin kennen. Nur so viel: Wahrscheinlich wird man nach dem Anschauen des Streifens anders über das „dumme Schwein" denken.

„Mona Lisau" von Nino Holm aus der Ausstellung „Das Schwein in der Kunst" im Museum Kloster Asbach in Niederbayern, anlässlich des Kulturprogramms „Schweinzeit 2007"